供电企业社会责任管理工具丛书

U0655467

你用电·我用心
Your Power Our Care

透明度管理手册

国家电网有限公司 编

中国电力出版社
CHINA ELECTRIC POWER PRESS

图书在版编目（CIP）数据

透明度管理手册 / 国家电网有限公司编. —北京：中国电力出版社，2020.12
（供电企业社会责任管理工具丛书）
ISBN 978 – 7 – 5198 – 5217 – 7

Ⅰ．①透… Ⅱ．①国… Ⅲ．①供电 – 工业企业管理 – 中国 – 手册 Ⅳ．①F426.61-62

中国版本图书馆 CIP 数据核字（2020）第 250832 号

出版发行：中国电力出版社
地　　址：北京市东城区北京站西街 19 号（邮政编码 100005）
网　　址：http://www.cepp.sgcc.com.cn
责任编辑：周天琦（010-63412243）
责任校对：黄　蓓　郝军燕
装帧设计：湖北司匠设计有限公司　北京易维鑫科学技术研究院有限公司
责任印制：钱兴根

印　　刷：北京瑞禾彩色印刷有限公司
版　　次：2020 年 12 月第一版
印　　次：2020 年 12 月北京第一次印刷
开　　本：889 毫米 × 1194 毫米　16 开本
印　　张：8
字　　数：241 千字
定　　价：55.00 元

前　言

自 1916 年克拉克首次提出企业社会责任思想以来，百年光阴已逝。这 100 多年来，企业社会责任出现过几次大争论、大发展，西方国家由此在商业伦理和企业社会责任方面领先于众多发展中国家好几个"身位"。然而近十年以来，在中央企业的引领和示范下，中国企业的社会责任发展掀起了一波新的热潮，不少中国企业的社会责任实践已经达到世界一流水准，或具备国际示范效应。

我国已将企业社会责任上升为国家意志、国家政策和国家战略，一系列的方针政策为企业社会责任的全局性推动提供了必要的制度支持，社会责任在中国经历从无到有，从理念的舶来品到真正植根于本国企业的发展。履行好企业应当承担的社会责任，为实现全社会的可持续发展贡献力量，已经成为社会各界的共识。

电网作为能源配置的重要基础平台、输送电能的唯一载体，其功能的充分发挥对保障能源资源持续供应，优化国家能源结构，应对全球气候变化，统筹利用环境容量，促进中国经济、社会、环境的全面协调可持续发展起到至关重要的作用。供电企业的管理运营过程涉及了政府、发电企业、客户、社会公众、媒体等众多利益相关方，及时、准确、清晰地披露供电企业经营管理活动及其产生的影响等信息并将其传递给各利益相关方，可提升企业运营透明度，赢得利益相关方和社会的利益认同、情感认同、价值认同，夯实企业可持续发展的社会基础，也是实现企业与社会和谐发展，塑造可靠可信赖的责任央企品牌的关键。

为了更好地指导供电企业增强管理运营透明度，增进各方的理解和支持，国家电网有限公司编制了《透明度管理手册》。本手册以透明度理论和社会责任管理理论为基础，结合国家电网有限公司优秀实践和成功经验，为建立规范化、系统化的透明度管理模式和路径提供理论指导。本手册分为理念篇、方法篇、机制篇、实践篇和工具篇五个部分，系统地回答了"什么是透明度管理""为什么要开展透明度管理""透明度管理的具体方法路径""如何为透明度管理提供机制保障"及"供电企业日常工作议题中如何运用透明度管理理论和工具"等诸多问题，为供电企业提升透明度管理提供了方法和工具。

目录

前言

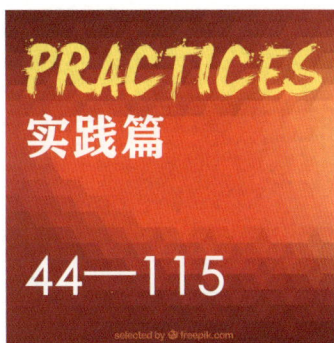

TOOLS
工具篇

116—123

PRACTICES
实践篇

44—115

selected by Freepik.com

CONCEPTS

理念篇

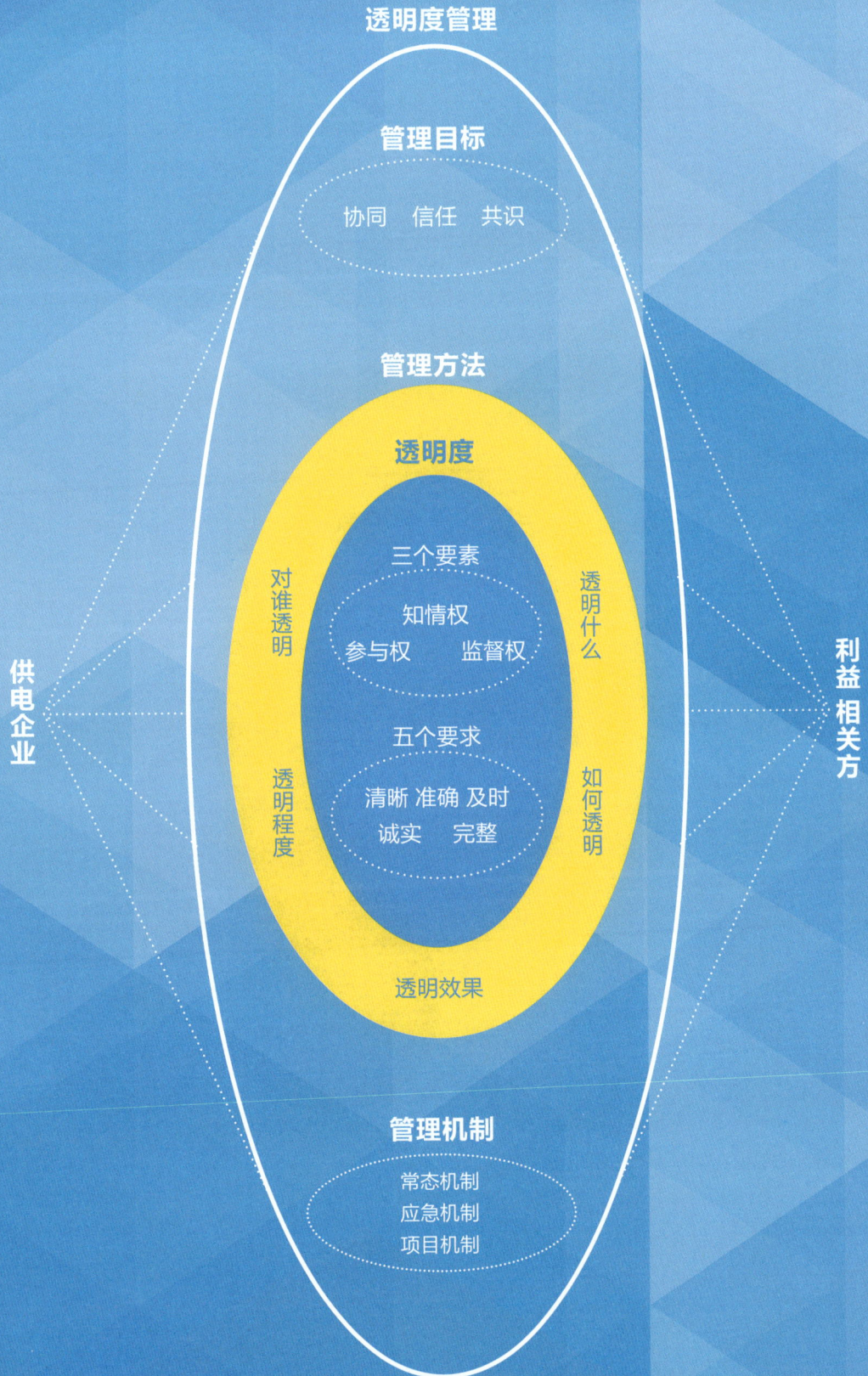

透明度管理

管理目标

协同 信任 共识

管理方法

透明度

三个要素

知情权

参与权   监督权

对谁透明

五个要求

清晰 准确 及时

诚实   完整

透明什么

透明程度

如何透明

供电企业

利益 相关方

透明效果

管理机制

常态机制

应急机制

项目机制

什么是
透明度

透明度概念

根据 ISO 26000《社会责任指南（2010）》的定义，透明度是指企业影响社会、经济和环境的决策和活动的公开性，以及以清晰、准确、及时、诚实和完整的方式进行沟通的意愿。

国家电网公司认为，透明度是企业针对信息接收方的需求，及时、准确、清晰地披露其经营管理活动及其产生的影响等信息，并与信息接收方开展有效沟通等各项活动的总和。

透明度的三个要素

企业应保障利益相关方
知悉、获取官方信息的
自由与权利。

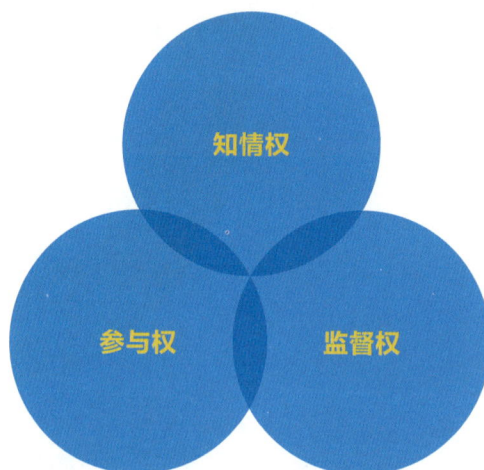

知情权

参与权   监督权

企业应保障利益相关方
按照法律规定及相关制
度参与企业决策和活动
的权利。

企业应保障利益相关方
对企业决策与活动的监
督。

透明度的五个要求

企业披露信息应做到清楚明白，用合适的信息披露方式和表达体例让利益相关方更容易接收。

企业应准确地披露相关信息，并保证透明信息的正确性，以避免差错。

清晰

准确

及时

诚实

完整

企业在选择恰当时机披露其决策和活动已知或可能存在的影响时，应尽可能提高时效性。

企业应如实表述其决策和活动产生的影响，以赢得利益相关方信任。

企业披露信息应尽可能完整、全面，企业对机密信息或违反法律、侵犯商业利益、危及组织安全的信息或个人隐私之外的信息应保持完备，避免缺失。

透明度的五大乱象

不透明指"黑箱操作"。企业只披露有利于己的信息，并未将决策和活动全部透明，通过"黑箱操作"刻意隐藏部分信息。

伪透明指形式主义。企业并未真正按照透明度管理要求实施管理行为，而是走过场、摆样子给人看。

被透明指舆论倒逼。企业当前的透明是基于丑闻被曝光引发负面舆论事件之后才去做的被动、应付式透明。

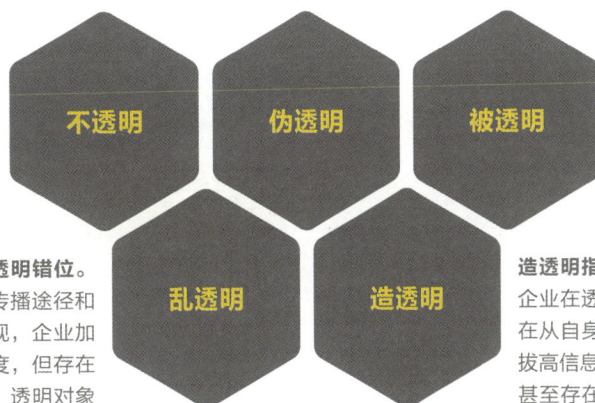

不透明

伪透明

被透明

乱透明

造透明

乱透明指透明错位。随着新兴传播途径和载体的出现，企业加大透明力度，但存在透明内容、透明对象及透明方式的错位。

造透明指夸大捏造。企业在透明过程中存在从自身出发，刻意拔高信息高度、价值，甚至存在夸大捏造现象。

什么是
透明度管理

透明度管理概念

透明度管理，是企业为提升透明度而做出的一系列制度安排、流程梳理和活动设计，是指对信息、制度、财务、服务等一切与经营管理相关的内容实行公开化的过程。透明度管理可以提高企业管理水平，防止决策者出现重大失误，也可以使员工及外部利益相关方了解企业经营管理的全过程，成为企业发展的主动参与者和推动者。

五个基本问题

对谁透明

借鉴利益相关方的识别方法和"影响力—重要性矩阵"，可识别出透明度管理的关键利益相关方，包括受企业决策和活动影响的组织或个人、影响企业决策和活动的组织或个人两个维度。

透明什么

- 要求披露企业活动的目的、性质和场所。
- 要求披露企业活动中的一切可控利益。
- 要求披露企业决策的制定、实施和评价方式，包括确定企业不同职能部门的角色、责任、担责和权限。
- 要求披露企业评价其社会责任绩效的标准和准则。

- 要求披露企业在与其相关的重大社会责任议题方面的绩效。
- 要求披露企业资金的来源、规模和使用情况。
- 要求披露企业决策和活动对利益相关方、经济、社会和环境的已知和可能的影响。
- 要求披露企业的利益相关方，以及企业在利益相关方识别、选择及参与方面的准则和程序。

八个"要求"

两个"不要求"

- 不要求企业公开披露专有信息。
- 不要求披露机密信息或违反法律、侵犯商业利益、危及组织安全的信息或个人隐私。

透明程度

企业披露法律法规要求透明的信息。

企业的透明意愿及能力能够满足利益相关方的合理期望时，企业透明度管理达到理想状态。

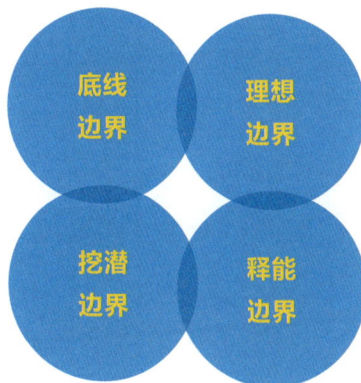

底线
边界

理想
边界

挖潜
边界

释能
边界

企业的透明意愿及能力不能满足利益相关方的合理期望时，企业需要考虑如何提升自身透明的能力和水平。

企业的透明意愿及能力超过利益相关方的合理期望时，企业能够推动利益相关方更好地参与企业决策和活动。

如何透明

就企业
而言

就利益相关方
而言

就透明信息
而言

企业应以清晰、准确和完整的方式，合理并足够充分地披露其决策和活动对社会和环境的已知和可能的影响。

对那些已经受到或可能受到企业重大影响的利益相关方而言，所披露的信息应是可容易获取、可直接获得和可理解的。

信息应及时、真实，并以清晰和客观的方式披露，以便利益相关方能够准确地评估企业决策和活动对其利益的影响。

透明效果

包括社会问题解决、
利益相关方问题解决、
企业自身问题解决。

聚焦
问题
解决

助益
价值
创造

包括社会价值创造、
利益相关方价值创造、
企业价值创造。

三种常见机制

透明度管理是一项复杂而系统的工程，是强化规范、提高管理水平、实现科学
发展的重要保障，需要建立规范的管理机制。

透明度管理常态机制包括透
明度管理推进机制和透明度
管理融合机制，促进企业透
明度管理的规范化实施。

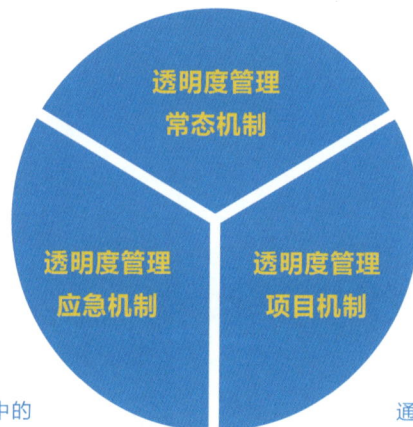

透明度管理
常态机制

透明度管理
应急机制

透明度管理
项目机制

针对企业运营过程中的
突发事件，建立突发事
件前、中、后的透明度
管理应急机制。

通过引入透明度管理机
制，策划实施专门的透
明度管理创新项目，提
升透明度管理能力。

为什么要
开展透明度管理

透明度管理的动机逻辑

合规性动机

回应政策法规的需要。 2008 年，国务院国资委发布的《关于中央企业履行社会责任的指导意见》中指出"有条件的企业要定期发布社会责任报告或可持续发展报告，公布企业履行社会责任的现状、规划和措施，完善社会责任沟通方式和对话机制，及时了解和回应利益相关者的意见建议，主动接受利益相关者和社会的监督。"此外，自 2009 年以来，深圳证券交易所、上海证券交易所、香港交易及结算所有限公司及相关政府部门关于企业履行社会责任和披露社会责任信息的要求相继出台，企业自觉披露社会责任信息、主动接受利益相关方及社会监督、加强透明度管理日益成为回应国家和地方政府政策法规的需求。

工具性动机

满足企业自身运营发展的需要。 企业在面临急速变换的外部环境挑战的同时，纷纷积极探索新的企业发展模式，建构现代企业管理体系，提升品牌价值，增强企业竞争力。而透明度管理，就是通过畅通企业与利益相关方的沟通渠道，增强企业与利益相关方之间的信息传递与信息反馈，披露企业决策及活动的影响，赢得利益相关方的理解、支持与认同，进而为企业发展营造良好的外部环境，促进自身竞争力的提升。

社会性动机

回应外部诉求的需要。 近年来，环境污染、食品安全、医药安全等问题被社会各界高度关注，公众对企业行为的关注，倒逼企业以贴合社会视角的方式披露企业运营过程中决策及活动的影响，回应外部诉求及社会期望，有效消除信息不对称带来的误解误读，赢得公众对企业产品及行为的信任。

透明度管理的价值逻辑

传统认知——透明度管理是一种投入

从传统认知上来说，企业将信息披露、利益相关方沟通及参与等透明度管理看作一种投入，是通过间接方式对企业价值的增进。具体表现如下：

企业的运营过程面临制度、监管等多重要求，需要进行透明度管理，提高信息披露水平，提升运营的合规性和合法性。

企业运营过程中需要考虑利益相关方期望，需要通过利益相关方沟通、参与及合作的方式强化信息沟通，因此透明度管理是企业压力管理的手段。

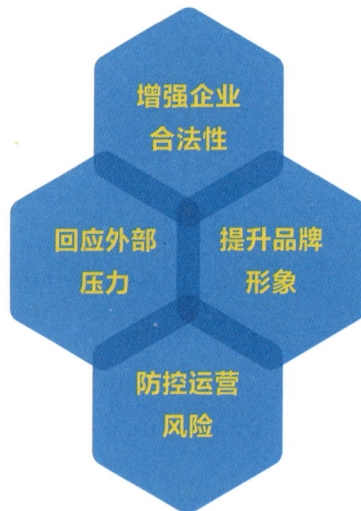

增强企业合法性

回应外部压力

提升品牌形象

防控运营风险

透明度管理有助于提升企业的价值认同，进而延伸到提升企业品牌美誉度，增进企业品牌价值。

企业透明度管理水平影响着企业信息披露水平，进而影响利益相关方对企业的价值认同，因此，透明度管理可以提升利益相关方的理解与支持，防控运营过程中可能遇到的风险。

现代认知——透明度管理是一种投资

从现代认知上来说，透明度管理是一种投资，是以直接的方式为企业创造价值，即通过透明度管理发现价值、传播价值、提升价值、创造价值。具体表现如下：

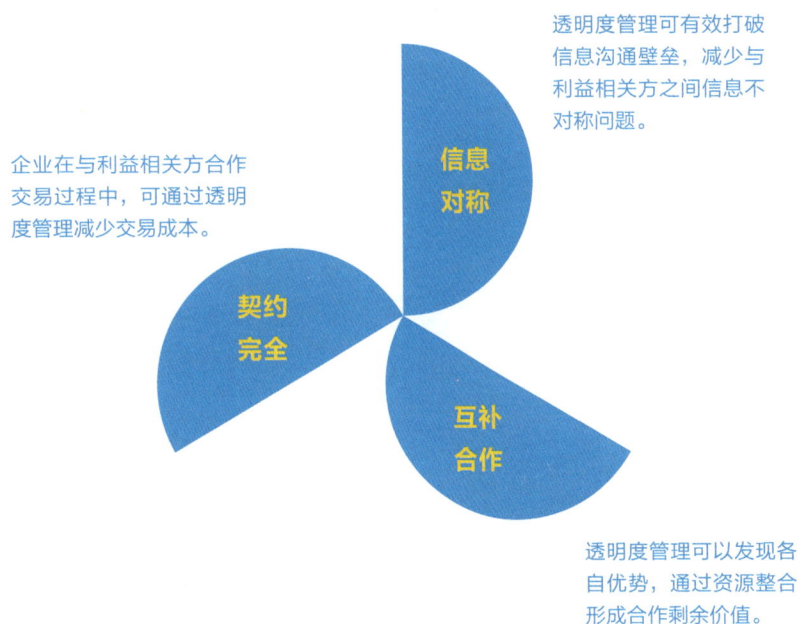

透明度管理可有效打破信息沟通壁垒，减少与利益相关方之间信息不对称问题。

企业在与利益相关方合作交易过程中，可通过透明度管理减少交易成本。

信息对称

契约完全

互补合作

透明度管理可以发现各自优势，通过资源整合形成合作剩余价值。

认知升级——透明度管理是价值共享

透明度管理需要企业以透明的方式管理决策和活动的影响，而透明度管理本身也是企业的一个决策或一项活动，因此透明度管理要综合考量企业价值、社会价值和利益相关方价值，实现价值共享与综合价值最大化。

透明度管理
的目标

通过透明度管理促进
企业与利益相关方通
过资源整合共同完成
某一决策和活动。

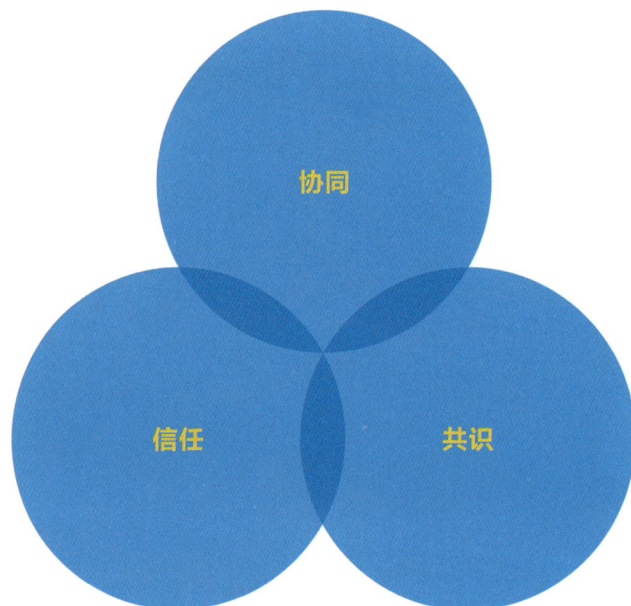

协同

信任   共识

通过透明度管理促进
利益相关方对企业决
策和活动的理解与支
持，建立信任关系。

通过透明度管理促进
利益相关方接受企业
决策和活动，并且接
受决策和活动所带来
的直接与间接影响。

透明度管理
的原则

透明度管理要有底线、有限度，明确信息披露内容、披露程度以及利益相关方的参与程度。

透明度管理要实实在在有所作为、契合企业运营实际和回应利益相关方期望。

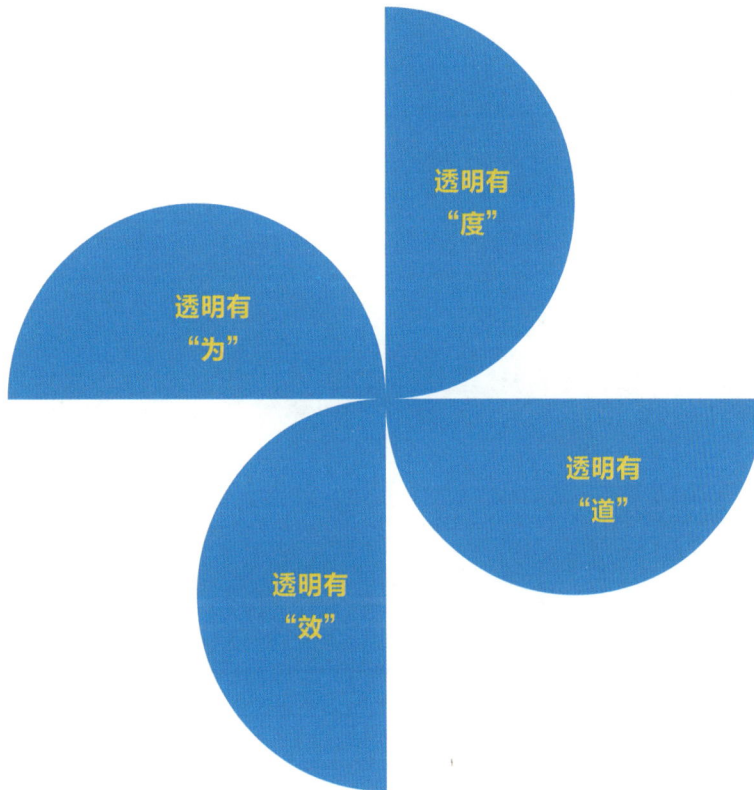

透明有"为"

透明有"度"

透明有"道"

透明有"效"

透明度管理要有方法、制度安排及策略等方面的创新。

透明度管理内容要准确传达给利益相关方，有效增进利益相关方价值认同。

METHODS

方法篇

识别对象
——解决对谁透明的问题

企业透明度管理的首要任务是要解决对谁透明的问题，也就是识别出重要利益相关方，分析这些利益相关方对企业的关注动机是什么、想要了解的信息是什么么、获取信息的能力如何，进而判断出企业决策活动应该向谁披露、与谁沟通、由谁来监督。

利益相关方识别

一家企业通常会涉及众多利益相关方，不同的利益相关方对企业的信息需求和反馈各有不同。因此需要基于利益相关方的类别和特征，对其进行全盘的梳理与识别。企业的利益相关方大体可分为服务方、合作方、监管方、受影响方、监督方五大类。

- 企业开展运营活动所服务的对象，如电力客户、公益服务对象等。

- 与企业没有直接业务关系但是对企业感兴趣并给予关注和监督的组织或个人，如媒体、社会组织、公众等。

- 与企业建立业务往来，共同支持企业达成服务目标的合作伙伴，如发电厂、电力设备商、工程承包商、金融机构、科研机构等。

服务方

监督方　　供电企业　　合作方

受影响方　　监管方

- 企业决策活动给外部带来负面影响的受众，如居民、电力客户等。

- 督促指导企业依法合规运行的监管机构，如能源局、环保部、安监部门等。

为了更为精准精细地开展透明度管理，需要将利益相关方识别的工作分解到每个业务环节和职能部门，结合供电企业的业务边界和利益相关方类型，罗列出企业透明度管理的具体对象。

详表见本书 118 页工具 1：供电企业透明度管理的对象清单

利益相关方分析

在识别出企业各个环节的利益相关方后，应进一步分析不同类型的利益相关方对企业的关注动机、信息诉求和其本身的获信能力，为后续制定透明度管理的内容和策略奠定基础。

关注动机

关注动机是指利益相关方对企业关注的原因或驱动力，不同利益相关方在不同的情境下对企业的关注动机和关注程度均有所差异，需要对其进行系统的梳理和判定，为企业透明度管理的关系策略制定提供分析依据。关注动机总体上分为利益驱动、职责驱动和价值驱动三类。

利益相关方与企业之间有直接的利益往来，出于对切身利益的关切、担忧或维护而对企业给予关注。服务方、合作方和受影响方对企业的关注大多是基于利益驱动。尤其是在利益受损的情境下，利益相关方对企业的关注程度和密度都是最高的。

利益驱动

职责驱动　　　价值驱动

与企业没有直接的利益关系，利益相关方是出于自身工作职责的需要对企业给予关注。监管方对企业的关注大多是基于职责驱动，关注程度的高低与企业依法合规的执行绩效有关，一般在发生负面事件或存在隐患的情境下，关注程度和密度会更高。

与企业没有直接的利益关系，也没有工作职责的交集，更多是出于自身的社会使命感对企业的经营活动给予关注。以媒体、社会组织为代表的监督方大多是基于价值驱动。监督方不仅仅关注企业的负面信息，也关注企业所创造的社会价值。

利益相关方关注动机及分析思路

利益相关方类型	关注动机	分析思路
服务方	利益驱动	• 企业是否能及时有效满足我的需求？ • 企业给我创造了哪些价值？ • 企业给我带来了怎样的改变？
合作方	利益驱动	• 企业是否能够与我长期稳定合作？ • 我们的合作是否是互利共赢？ • 还有哪些合作的空间？
监管方	职责驱动	• 企业是否按照法律规范的要求履行其职责？ • 企业运营是否存在监管漏洞或隐患？ • 发现问题后是否及时有效地进行整改？
受影响方	利益驱动	• 企业的运营会给我带来哪些负面影响？ • 所带来的负面影响可否避免？ • 我受到的影响能否得到及时的补救或合理补偿？
监督方	价值驱动	• 企业为社会创造了哪些价值？ • 我如何参与到价值创造过程中？ • 企业为社会带来了哪些影响？ • 受影响方是否得到合理的补偿？

信息诉求

信息诉求是指利益相关方从企业获取信息的需求或愿望。真实详尽了解利益相关方的信息诉求有利于企业更有针对性地开展透明度管理，提高信息互通和沟通交流的效率和成效。

识别利益相关方信息诉求的步骤如下：

业务解析　＋　动机解析

信息诉求调研

利益相关方信息诉求清单

第一步： 对企业业务进行详细解析，梳理出其中有必要披露的关键信息。

第二步： 结合不同类型利益相关方的关注动机，对每一类利益相关方制定相应的信息诉求调研表并开展调研，收集利益相关方对调研问卷的反馈。

第三步： 在汇总调研结果的基础上，制定利益相关方信息诉求清单，梳理出利益相关方重点关注的信息及企业希望利益相关方关注的信息。

获信能力

获信能力是指利益相关方从企业获取信息的渠道、习惯偏好及对信息的感知能力等。利益相关方的获信能力在很大程度上决定着企业透明度管理的实效，系统梳理和评估获信能力可为后续制定透明度管理的渠道策略和表达策略奠定基础。

对利益相关方获信能力的分析主要从以下三个维度着手，其中获信渠道通过对企业各个业务部门的访谈调研来梳理；获信习惯偏好与信息感知能力需要通过与利益相关方的调研访谈来获取。

- 企业与利益相关方进行交流的渠道，包括但不限于：对口联络人，例会或座谈会，工作简报文件，网站、微博、公众号等，自媒体平台，电视、广播、报社、杂志、门户网站等主流媒体，手机短信、微信等。

获信
渠道

信息感知
能力

获信习惯
偏好

- 沟通交流起来是否顺畅。
- 企业披露的信息是否容易被获取或留意到。
- 企业披露的信息是否易于理解。

- 利益相关方平常习惯从以上哪些渠道获取企业信息。
- 利益相关方对不同信息渠道的偏好优先序列。

梳理内容
——解决透明什么的问题

在识别出透明的对象之后，需要进一步解决透明什么的问题。通过一些方法，可以找出企业决策与活动中的哪些信息、制度、流程及运营活动需要对外公开或让利益相关方参与。

梳理方法

对于透明度管理的具体内容，可以通过政策文件梳理、企业业务梳理和社会诉求梳理三种途径，分别整理出企业需要公开的信息和内容。

政策文件梳理

合规是企业开展透明度管理的主要动机之一。供电企业在日常经营中，分别对口能源部、环保部、安监部等诸多监管机构。这些监管机构在其出台的政策文件中对所管辖的企业在信息披露、沟通参与及信息保密等方面均做出了相应规定。通过对相关规定进行系统整理与解析，梳理出来自监管方的政策要求，也是对企业透明度的底线要求。

政策文件对企业透明度的要求可分为不宜透明、对监管部门透明、对特定利益相关方透明、对社会公众透明四类，依次对应了从低至高的透明等级，这为企业开展差异化的透明度管理策略提供了政策依据。

详表见本书 123 页工具 5：监管机构对供电企业透明度管理的政策参考

政策文件对企业透明度的要求及示例

政策文件对企业透明度的要求		示例
不宜透明	要求对相关信息做好保密的有关规定	《中央企业商业秘密保护暂行规定》界定的商业秘密，即不为公众所知悉、能为中央企业带来经济利益、具有实用性并经中央企业采取保密措施的经营信息和技术信息
对监管部门透明	要求对相应的监管部门提交有关文件、资料或接受检查的规定	《电力监管条例》规定：电力监管机构有权要求供电企业报送与监管事项相关的文件、资料；按照电力监管机构的规定将与监管相关的信息系统接入电力监管信息系统
对特定利益相关方透明	要求对特定利益相关方披露相关信息或开展沟通交流的规定	《电力供应与使用条例》规定：因供电设施计划检修需要停电时，供电企业应当提前 7 天通知客户或者进行公告；因供电设施临时检修需要停止供电时，供电企业应当提前 24 小时通知重要客户
对社会公众透明	要求对社会公众披露有关信息或开展活动的规定	《关于中央企业履行社会责任的指导意见》要求：中央企业应建立社会责任报告制度，主动向社会披露企业履行社会责任的现状、规划和措施

企业业务梳理

促进自身发展是企业开展透明度管理的工具性动机。良好的透明度不仅有利于保障企业业务顺畅运转，也有助于建立更好的利益相关方关系，提升品牌宣传效果。基于企业业务梳理透明度管理的内容是从保障业务顺畅和品牌宣传两个目标出发，分别对业务部门、职能部门和品牌部门进行调研，从其日常工作中去挖掘制度、流程、信息和运营内容需要被利益相关方知晓和了解的部分。

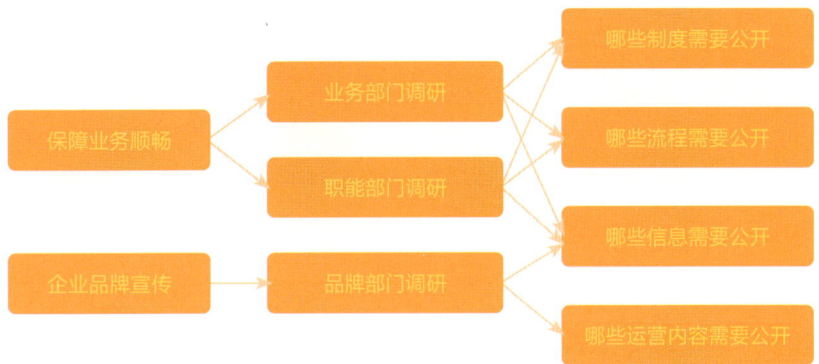

企业业务梳理思考路径

社会诉求梳理

回应外部诉求是企业开展透明度管理的社会性动机，体现企业对利益相关方及社会期望的尊重和响应。梳理社会诉求包括两条路径：一是调查和分析各个利益相关方对企业的信息诉求（见本书 18 页）；二是对标社会责任信息披露标准或公众透明度指标体系，从而梳理出需要披露的内容。

国内外标准指南信息诉求梳理

国内外标准指南	对应的信息诉求
G4《可持续发展报告指南》 由全球报告倡议组织（Global Reportinge Initiative，GRI）于 2013 年发布。该指南是目前世界上使用最为广泛的可持续发展信息披露规则和工具	经济业绩、环境消耗与排放数据、劳工实践和体面工作、人权、社会、产品责任等指标
ISO 26000《社会责任指南（2010）》 由国际标准化组织于 2010 年发布。该指南为企业更好地实践社会责任议题，将社会责任融入组织提供了可操作性建议和工具	组织治理、人权、劳工实践、环境、公平运行实践、消费者问题、社区参与和发展等方面的实践
《中国企业公众透明度报告》 由中国企业管理研究会、中国工业经济联合会、北京融智企业社会责任研究院联合编著。该指南对企业透明度进行持续的追踪与评价	企业运行情况、业务经营情况、优质服务、安全供电、可靠供电、新能源上网等 39 项指标

透明的内容

基于上述方法，可归纳出企业透明度管理需要对外公开或交流的四大内容：信息、制度、流程和运营活动本身，做好对这些内容的识别、整理，构建内容清单，有助于系统提升企业的信息披露与社会沟通工作。

详表见本书 120 页工具 3：供电企业透明度管理内容库

| 信息 | 制度 | 流程 | 运营活动 |

信息透明

信息透明是透明度管理的核心内容和重中之重。这里的"信息"是指企业经营活动过程中实时产生的数据、公告、方案、新闻等动态信息的总和，是企业与利益相关方进行业务交互与价值沟通的基础。信息从类别上可分为基本信息、经营数据、活动公告、文件方案和新闻报道五大类。

信息类别解析及示例

类别	解释	示例
基本信息	关于企业经营地址、人员或服务的基本联络信息	营业网点信息、充换电网点信息、客户服务热线、供应商服务热线等
经营数据	企业经营过程产生的经济、环境和社会方面的成本与绩效数据	售电量、电网建设投资、客户平均停电时间、电力安全事故数、线损率等
活动公告	企业日常业务活动中需要向利益相关方传达的信息公告	员工招聘信息公告、项目招投标信息公告、计划停电信息公告等
文件方案	企业经营过程中形成的专业文件、文本、方案、报告等信息载体	电网规划文本、电网工程环境影响评价报告、社会责任报告等
新闻报道	企业日常动态、新闻人物、故事报道或重大事件披露	会议新闻报道、一线人员采风报道、社会责任专题报道、事故调查报道等

制度透明

制度透明是指将供电企业相关的法律法规、标准规范等向社会或特定利益相关方公开的过程。这里的制度既包括监管机构制定的有关电力行业的法律法规，也包括供电企业自身制定的标准规范等。将企业相关制度以有效的方式公之于众，有助于推动企业依法治企和提高利益相关方的合规意识，同时也能通过制度传递企业的价值观与规范性要求。

- 电力监管条例。
- 电力设施保护条例。
- 电力安全事故应急处置和调查处理条例。
- 电力供应与使用条例等。

- 供应商准入或采购标准。
- 电价、电费政策说明等。

流程透明

流程透明是指将企业与社会有接口的那部分流程向社会或特定利益相关方公开的过程，包括决策流程、业务流程和职能管理流程等流程的透明。以恰当的方式公开企业流程，能够让利益相关方及时准确掌握流程相关事项，提高与企业间的业务办理效率，减少工作中的摩擦与冲突，更好地促进利益相关方参与和合作。

- 电源接入电网前期工作管理流程。
- 分布式电源项目接入系统管理流程。

- 建设施工过程外部环境协调管理流程。
- 输变电工程安全、质量事故管理流程。

- 电力交易大厅信息发布流程。
- 电网异常事故处理管理流程。

- 输电线路故障抢修管理流程。
- 电力设施保护管理流程。

- 业扩报装流程与服务要求制定流程。
- 客户投诉处理流程。
- 电费欠费停电管理流程等。

运营透明

运营透明是指为增进信任或化解误会，向社会或特定利益相关方公开企业运营活动本身的过程，包括运营场所、运营设施、运营过程等的透明。运营透明通常是通过邀请利益相关方到企业参观或利用新媒体工具将运营场所、运营过程进行展播等方式，让公众更直观、更生动地了解供电企业。

制定策略
——解决如何透明的问题

透明度管理需要采用恰当的策略将企业理念、价值观和信息有效传达给利益相关方。这里的策略包括针对利益相关方的关系策略、针对信息传递途径和方式的渠道策略和针对信息内容的表达策略。这些策略组合共同回答了企业应该如何透明的问题。

关系策略

关系策略是针对透明对象即利益相关方的关系维护策略。鉴于不同利益相关方对企业关注动机的差异，需要制定差异化的关系策略，建立强弱有序的利益相关方关系，满足不同利益相关方的信息诉求，提高企业透明度管理的有效性。透明度管理的关系策略主要分为强关系策略、弱关系策略和泛关系策略三大类型。

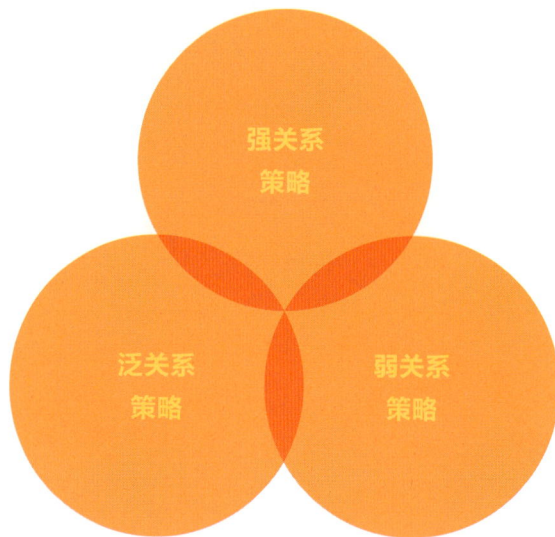

强关系策略

强关系策略主要针对受利益驱动对企业给予关注的利益相关方，包括服务方、合作方和受影响方。这部分利益相关方对象明确，与企业之间有清晰直接的利益关系，主要关心与切身利益有关的信息，有强烈的参与需求。强关系策略的核心是和谐，通过紧密的信息互通、沟通协商、参与合作达成与利益相关方之间的和谐关系。

弱关系策略

弱关系策略主要针对受职责驱动对企业给予关注的利益相关方，即监管方。这部分利益相关方对象明确，但与企业没有直接的利益关系，主要关注职责管辖范围内的信息，并会刻意保持距离以保证其客观中立的工作态度。弱关系策略的核心是信任，通过积极配合监管、真实反馈信息赢得监管方对企业的信任。

泛关系策略

泛关系策略主要针对受使命驱动对企业给予关注的利益相关方，即包括媒体、社会组织和公众在内的监督方。这部分利益相关方对象不一定明确，与企业没有直接利益关系，但是对企业经营活动、社会责任均有关注，并有参与和分享的愿望。泛关系策略的核心是认同，通过开放的姿态与价值沟通，赢得利益相关方对企业的认同并帮助分享企业价值理念。

利益相关方关系策略解析

利益相关方	关注动机	关系策略		
		示例	核心	手段
服务方 合作方 受影响方	利益驱动	强关系策略	和谐	信息互通、沟通协商、参与合作
监管方	职责驱动	弱关系策略	信任	积极配合、真实反馈
监督方	使命驱动	泛关系策略	认同	开放姿态、价值沟通

渠道策略

渠道策略是指企业选择怎样的渠道来确保信息能够及时、准确、有效地传达给利益相关方。根据企业与利益相关方的信息交互特征，渠道策略可分为信息披露、互动参与和社会监督三大策略。

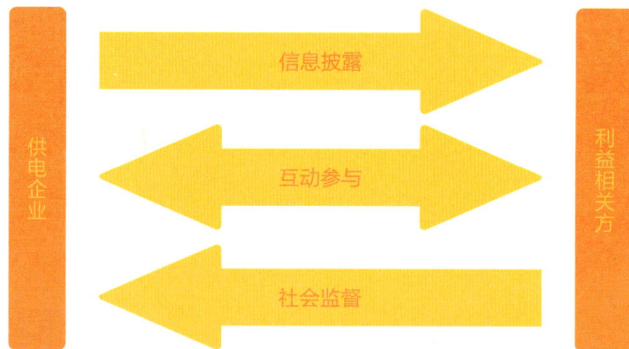

供电企业 → 信息披露 → **利益相关方**
互动参与
← 社会监督 ←

信息披露

信息披露是一种单向的由企业向利益相关方发布信息的沟通策略。信息披露的传播效率高、传播范围广，需要企业投入的沟通资源相对较少；但是与利益相关方互动性差，存在沟通时效性和深度不足等问题。

互动参与

互动参与是一种企业与利益相关方双向互动进行信息传递的沟通策略。互动参与的方式能更好地实现企业与利益相关方之间的信息交互，拉近彼此的距离，减少信息传递中的疏漏与误解；但是需要企业投入较多的资源进行沟通。

社会监督

社会监督是一种由利益相关方作为信息源向企业提供反馈的沟通策略。社会监督能从外部视角帮助企业获取信息，有利于企业更加真实地了解利益相关方诉求和自身经营存在的问题；但是社会监督大多数反馈的是负面信息，企业必须正确认识和应对。

渠道策略适用性

渠道策略	信息披露	互动参与	社会监督
适用情况	对既成的结论性信息进行公示公告	对需要商讨才能决策的信息进行沟通以达成共识	对自身难以掌握的负面信息建立外部反馈渠道
适用内容	企业的基本信息、经营绩效、新闻报道、社会责任报告；停电公告、招投标公告等业务信息；待公开的制度和流程文件等	电价调整信息、与利益相关方之间往来的业务交流信息、社会及环境影响评估报告及补偿方案；待公开的运营设施或场所等	来自客户、社区居民及一线人员的投诉或信访意见；来自媒体、公众的负面舆情或监督反馈意见等
渠道类型	企业网站、媒体平台、短信发布等	听证会、座谈会、意见征询、开放日活动等	投诉渠道、监督热线、舆情监控、信访渠道等

表达策略

表达策略是企业在透明度管理过程中针对需要与利益相关方披露和沟通的内容所采取的表达范式、表达心态、表达用语及表达形式的一系列策略组合，其目的是提高利益相关方对企业所披露内容的关注、重视、理解和认同。

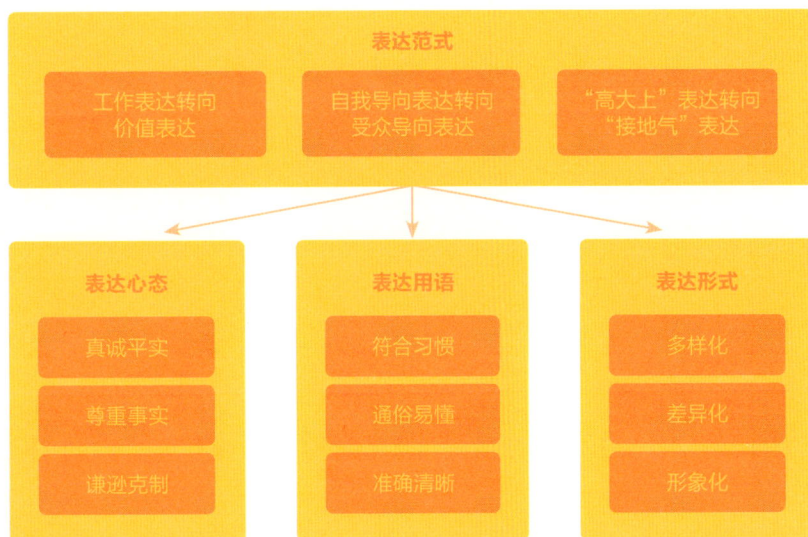

表达范式

- 工作表达转向价值表达
- 自我导向表达转向受众导向表达
- "高大上"表达转向"接地气"表达

表达心态
- 真诚平实
- 尊重事实
- 谦逊克制

表达用语
- 符合习惯
- 通俗易懂
- 准确清晰

表达形式
- 多样化
- 差异化
- 形象化

企业透明度管理的表达策略组合

表达形式适用性

表达形式	文字表达	图像表达	视频表达	实景表达
特点	最常规的表达形式，承载的信息量大，大多数情况均适用	简洁的表达形式，可以让对方在最短时间理解信息传达的内涵	潮流的表达形式，传达的信息更立体、更丰富、更容易吸引和打动人	直观的表达形式，让对方在近距离的接触和体验中获取信息
适用内容	大部分信息、制度、流程均适合用文字进行表达	新闻报道，对数据、位置坐标、流程等信息的形象表达，日常业务中的取证信息等	新闻报道，对知识类信息的形象表达，日常业务中的取证信息等	拟公开的运营设施设备、运营场所和运营过程等
具体形式	公示公告、简报、报告、方案、报道、制度文件等	照片、海报、画册、地图、流程图、标志标识等	新闻宣传片、小视频、监控录像、实时导航等	实物或模型展示，现场模拟体验等

绩效评估
——解决透明效果的问题

对透明度策略的执行效果进行评估是透明度管理不可或缺的重要环节。绩效评估包含定量的指标衡量和定性的价值衡量两个方面，共同反映出透明度管理对企业在优化经营管理及促进对外沟通和价值创造上取得的成效。

指标衡量

指标衡量的是最直接的、可观测的、可统计的透明度管理绩效，包括企业的工作量和利益相关方的反馈量两大方面。

供电企业在透明度管理上所做工作总量的评估，如披露的信息数量、发布的新闻数量、开展的沟通活动次数等。

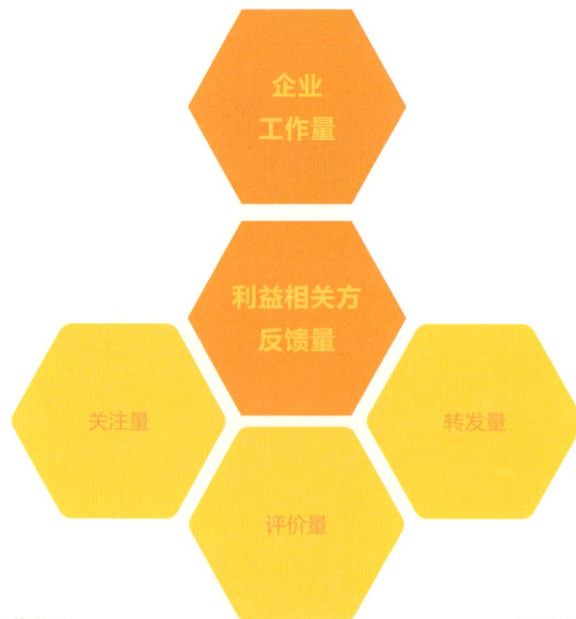

企业
工作量

利益相关方
反馈量

关注量

评价量

转发量

社会公众对于企业及其所发布的内容给予的关注程度，如企业自媒体平台的粉丝数量，单条信息的阅读量等。

社会公众对企业以及其所发布内容给予的评价，如企业收到的投诉量及单条发布信息的评论量等。

社会公众主动对企业所发布内容进行转载分享的意愿和行动，如企业自媒体发布信息的转发量、对企业新闻的转载量等。

价值衡量

价值衡量的是透明度管理给企业、利益相关方及社会所带来的益处，包括对特定问题的解决和所助益创造的价值两大方面。

采取透明度管理助力解决了一些社会问题，如通过社会公众的沟通教育解决社区的安全用电问题。

采取透明度管理助力解决了利益相关方的一些问题，如通过利益相关方参与减少电网建设对周边居民影响。

采取透明度管理助力解决了企业的一些问题，如通过发挥社会监督的力量解决电力设施保护问题。

相关方问题解决

社会问题解决

企业问题解决

解决问题

价值创造

助益社会价值

助益相关方价值

助益企业价值

采取透明度管理助力创造了社会价值，如通过公开充电设施网点信息，提高环保电动汽车的普及率。

采取透明度管理为利益相关方创造了价值，如通过业扩报装流程的公开透明提高客户办电效率。

采取透明度管理给企业自身创造了价值，如通过举办公众开放日活动提高社会对企业的了解与支持。

MECHANISM

机制篇

透明度管理常态机制

透明度管理组织方式 ＋ 透明度管理推进机制 ＋ 透明度管理融合机制

透明度管理应急机制

突发事件的透明度管理机制 ＋ 敏感信息的透明度管理机制

透明度管理项目机制

透明度管理项目立项 → 透明度管理项目推进 → 透明度管理项目评估 → 透明度管理项目推广

透明度管理常态机制

透明度管理组织方式

透明度管理的主要对象

对社会的透明

对外部利益相关方的透明

对组织内部的透明

供电企业的发展担负着重要的经济责任和社会责任，是做好服务民生、改善民生的重要力量，需要切实增强对社会的透明，并从决策和执行等环节加强对权力的监督。

企业的运营发展与外部利益相关方关系密切，需要切实增加对利益相关方的透明，畅通利益相关方知情权渠道，加大信息披露力度和披露质量；认真听取外部利益相关方意见，积极有效整改。

企业的发展离不开员工的支持，同时企业肩负着与员工携手发展的责任。因此，需要切实增加对员工的透明，建立高效的自下而上的信息传递渠道，让员工了解和掌握企业内部的相关制度、管理过程、工作环节和流程等各个方面，提升工作质效。

透明度管理的工作重点

树立思想理念

提高行为素质

建立制度规范

明确职责划分

加强信息传播

透明工作理念的确立，首要的是价值观的转变，要把利益相关方利益和社会福祉提升放在首位，将透明工作理念打造成为企业核心价值观念的重要组成部分，真正促成企业工作的高效、透明。

加强职业道德建设，增强管理者自律与他律的自觉性，努力提升各级管理者透明工作的行为素质和实践能力。

建立健全企业透明工作相关的规章制度，比如在产品设计、信息披露、厂务公开等文件中增加透明度管理工作要求，使透明度管理由随意变为规范。

在企业内部正式印发文件，明确透明度管理的牵头部门和职责，以及参与透明度管理的业务部门、职能部门的职责。同时需要明确相关部门之间的协作模式和协作机制，如信息沟通机制、应急响应机制等。

广泛开展透明工作的信息传播，构建企业透明公开、承担责任的社会形象，使企业透明工作在全社会关注中不断取得认同和认可。

透明度管理推进机制

为提升企业透明度管理水平，需构建相对完善的透明度管理推进机制，对各部门、子公司提出进行透明对象识别、调研和分析的要求。同时企业应对需透明公开的内容进行及时梳理，并针对不同的内容制定透明策略进而落地实施。

构建制度体系

根据有关部门、上级单位对企业透明度管理的要求，以及企业可持续发展实际需要，构建透明度管理相关制度体系。

制度体系详解

类别	工作内容	责任单位
专项制度	新建透明度管理专项制度或正式印发相关文件，对公司透明度管理整体要求、部门职能划分、工作事项等进行明确	透明度管理的牵头部门
实施细则	参考专项制度制定并实施	子公司透明度管理的牵头部门
其他	将透明度管理有关内容，完善至企业现有相关制度当中	各级单位透明度管理的牵头部门

实现信息共享

企业各部门、子公司应及时将有关信息进行共享，通过建立微信群、利用无纸化办公系统（OA）等渠道进行信息报送和汇总。由透明度管理的牵头部门对问题进行定期梳理，并基于职能、事件发生所在地等维度对相关问题进行责任划分，要求责任部门进一步处理和实施，并及时报送相关进展。

进行奖励与惩治

明确工作重点，定期（季度、半年度、年度等）对各单位透明度管理工作开展情况进行评估，在企业范围内通报并要求整改。在可能的情况下，将考评结果与部门、子公司工作绩效相挂钩，进一步提升工作的重要度。

透明度管理融合机制

透明度管理工作应当立足当前，着眼长远，通过与日常工作融合，构建各项机制，优化现有业务运营、信息披露，以及与利益相关方沟通的程序与方式，健全长效机制，促进透明度管理落到实处，成为企业常态化的工作内容。

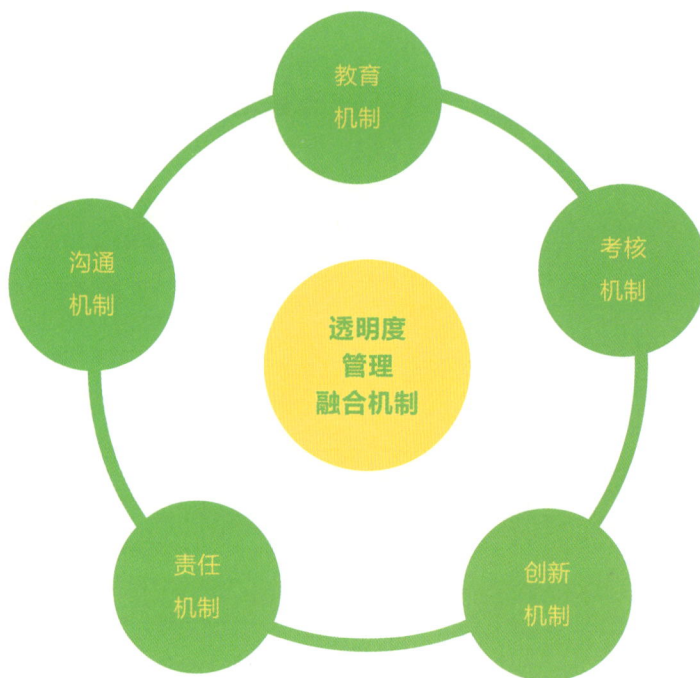

教育机制

把透明度管理工作教育作为加强思想政治工作和精神文明建设的重要任务，将透明度管理工作教育纳入全员各类培训中，全面培养员工的透明意识，提高透明度管理工作业务水平。从而，增强员工从自身做起、身体力行做好透明工作的自觉性，营造企业透明度管理工作的良好氛围。

考核机制

建立健全透明度管理的考评机制，在绩效考核体系中增加透明度管理工作方面的考核评价内容和办法，把透明度管理工作与领导干部的业绩考核相挂钩、与党政干部的提拔试用相挂钩，与员工个人的经济利益相挂钩，并认真开展检查、督促、指导工作。

创新机制

通过打造透明度管理相关活动、对透明度管理创新成果加以表彰、在合理化建议等活动中将透明度管理内容作为重点实施内容同步下达等举措，在企业内部鼓励员工将透明度管理成果与技术改造、成本控制、行政管理等工作全面结合，创优发展环境，赋予企业新的发展活力。

责任机制

建立健全透明度管理相关工作架构，明确各相关部门工作职责和工作目标，落实责任机制，强化责任到人，加强具体指导，搞好协调配合，进一步理顺工作流程，提高工作效率，形成职责明确、齐抓共管的工作格局。

沟通机制

建立健全多层次、多角度、多途径的沟通渠道，并建设公开、透明和规范的信息体系。利用外部大众传媒、内部刊物等，与客户、政府职能部门、周边社区、金融机构等利益相关方建立良好沟通关系，争取社会各界支持，为企业持续发展营造和谐环境。内部健全规范企业信息共享机制，提高工作效率和效能；利用企业内部刊物等载体，把企业生产经营情况进行有效汇总，及时传播；利用员工信箱、员工沟通会等形式，及时吸纳员工建议，了解员工诉求，及时做出改进，让员工进一步参与到企业的建设与发展当中。

透明度管理
应急机制

突发事件的透明度管理机制

突发事件是指突然发生，造成或可能造成严重社会危害，需要采取应急处置措施予以应对的自然灾害、事故灾难、公共卫生事件和社会安全事件。供电企业在生产经营过程中，存在发生停电事故、安全事故等情况的可能。因此，有必要建立信息的收集整理、信息分析与评估、信息公开、关键利益相关方沟通参与、后期追踪等工作程序、策略和相应的配套制度。

突发事件发生前	突发事件应急响应中	突发事件应急响应后
• 加强预测预警	• 突发事件报告 • 应急响应 • 信息披露	• 信息披露 • 调查评估 • 结果披露

突发事件发生前的透明度管理

高度重视有关部门、利益相关方及社会大众的信息发布及意见建议，针对各种可能发生的突发事件，完善预警机制，科学开展风险分析，做到早发现、早报告、早处置。

信息监测渠道

由负责信访的部门处理群众的来信来访。

信访渠道

调研渠道

针对有可能出现的突发性事件，对利益相关方进行调研。

常规信息报送渠道

媒体渠道

通过负有常规信息报送职责的部门，如宣传部门、办公系统等进行反应收集。

对新媒体、传统媒体等热点信息及时监测。

突发事件应急响应中的透明度管理

突发事件报告

建立突发事件信息报送机制，明确突发事件即将发生或已经发生时的报送路径和报送内容。

报送路径

突发事件即将或已经发生，最先获悉信息的员工应立即向本部门负责人报告，该部门负责人（或指定专人）须在获知后立即报告企业经营管理层，并同时向总部应急办报告。

内部报送　　**外部报送**

突发事件发生后，在开展对突发事件处置的同时，应按照相关要求，向国家有关部门报告。

报送内容

报送内容包括突发事件可能发生的时间、地点、性质、影响范围、趋势预测和已采取的措施等。

预警期内　　**应急响应期间**

报送内容包括突发事件发生的时间、地点、性质、影响范围、严重程度、已采取的措施等，并根据事态发展和处置情况及时续报动态信息。

应急响应

突发事件发生后，在做好信息报告的同时，应启动预案相应措施，立即组织本单位应急救援队伍和工作人员第一时间出现在事件现场，营救受伤害人员，疏散、撤离、安置受到事件威胁的人员；同时根据事件的重要程度，按有关要求与政府职能部门联系沟通，做好信息披露工作。

信息披露

根据突发事件的危害程度、波及范围、人员伤亡等情况，在启动应急处置预案时，开展突发事件信息披露工作，对外通过媒体、官网、微信、短信等渠道及时向利益相关方和社会公众发布事件信息，内部及时告知员工有关信息并进行必要提示，有效减少因不必要的猜测带来的负面影响。

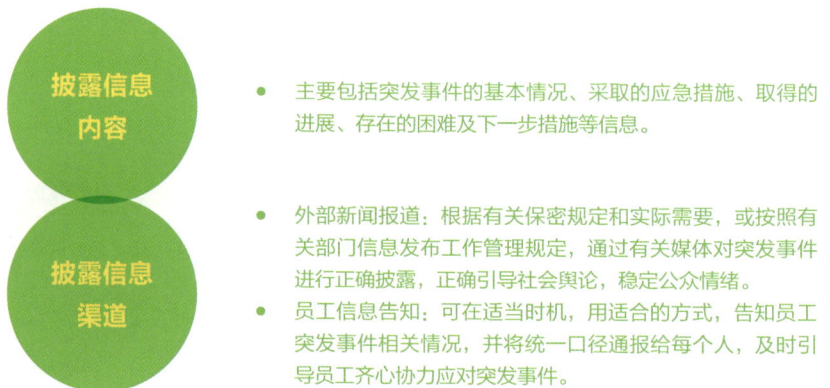

披露信息内容

- 主要包括突发事件的基本情况、采取的应急措施、取得的进展、存在的困难及下一步措施等信息。

披露信息渠道

- 外部新闻报道：根据有关保密规定和实际需要，或按照有关部门信息发布工作管理规定，通过有关媒体对突发事件进行正确披露，正确引导社会舆论，稳定公众情绪。
- 员工信息告知：可在适当时机，用适合的方式，告知员工突发事件相关情况，并将统一口径通报给每个人，及时引导员工齐心协力应对突发事件。

突发事件应急响应后的透明度管理

突发事件应急响应工作结束后，企业要积极组织受损设施、场所和生产经营秩序的恢复重建工作，同时做好相关信息披露及后续的调查评估结果披露工作。

信息披露

突发事件应急响应结束时，需及时形成报告，向上级单位及有关部门进行报送，同时还应通过官网、媒体、微信、短信等平台及时向社会发布。

突发事件应急响应结束后，根据事件的影响大小及范围，有必要时对事件处理进行后续跟踪和反馈，及时解答利益相关方及社会公众有关疑惑。

调查评估

组织对突发事件的起因、性质、影响、经验教训和恢复重建等问题进行调查评估，提出防范和改进措施，并及时向上级单位和有关部门报告，同时向社会各界进行披露。

在事件响应过程中，应及时收集各类数据。事件结束后，要及时对应急响应工作进行总结和评估，提出加强和改进同类事件应急工作的建议和意见，并向利益相关方进行报告。

敏感信息的透明度管理机制

提升企业透明度往往是一把双刃剑，在促进信息公开的同时，也可能造成企业自身的商业机密泄露或客户隐私泄露，造成其他的社会影响。因此，透明度管理除了尽可能满足利益相关方的信息诉求，提高决策与活动的透明度，也包括对于敏感信息的审慎、负责任管理。

敏感信息的识别

敏感信息是企业在开展透明度管理工作中需要审慎披露的那部分信息。对于这部分信息，需要引入专项工作机制，做好对敏感信息的"有度"透明。

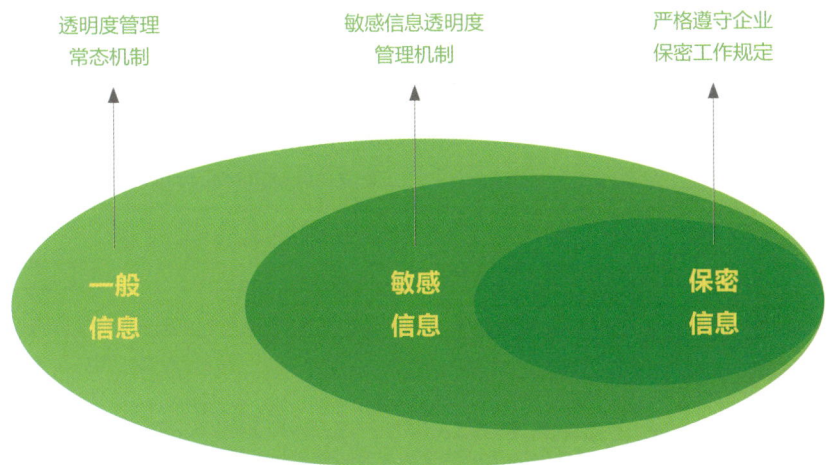

透明度管理　　　　　　敏感信息透明度　　　　严格遵守企业
常态机制　　　　　　　管理机制　　　　　　　保密工作规定

一般
信息　　　　　　　　　敏感
　　　　　　　　　　　信息　　　　　　　　　保密
　　　　　　　　　　　　　　　　　　　　　　信息

- 利益相关方要求披露的信息，如电价政策、招投标信息等。
- 企业希望利益相关方了解的信息，如停电计划、欠费提醒等。

- 可能引发社会恐慌或社会冲突的负面信息，如电网建设的负面影响等。
- 可能给企业声誉带来影响的负面信息，如企业发生的安全事故、腐败违法事件等信息。

- 涉及商业机密的信息，如经营成本信息等。
- 涉及客户个人隐私的信息，如客户用电信息等。

敏感信息的信息披露

敏感信息一旦发布出去，并被利益相关方及社会公众得知，可能引发负面舆情。此时必须正视事件的产生，在不违反相关法律法规及有关规定的前提下，及时有效进行信息披露，公开透明自身管理情况。

做好内部评估

由企业主要负责人主持，各有关部门联动配合，及时对敏感信息泄露事件的发生原因、处理措施、可能对利益相关方和地方经济社会发展产生的影响及受损情况进行全面评估，在企业内部形成一致说法和对外披露口径。

做好回应准备

通过网络、客服系统来电等渠道，及时了解媒体、公众对企业敏感信息的关注情况，做好进一步披露和沟通回应的准备。

积极应对危机

- 主动策划、主动发声，放低姿态，承认问题，列明目前应对举措、处理结果及后续改进措施，让利益相关方及社会公众能及时了解情况，无须过多猜测。
- 对因敏感信息泄露问题而受到损失的利益相关方（如合作企业、客户等），要积极沟通，采取有效措施止损。

内部工作

外部支援

- 对于恶意抹黑、散布谣言和进行新闻敲诈的行为要及时向监管部门报告并争取支持，建立畅通的辟谣和发声渠道。
- 邀请具有社会影响力的利益相关方为企业"发声"。

透明度管理
项目机制

在实施项目过程中，引入透明度管理机制，策划实施专门的透明度管理创新项目，提升透明度管理能力。

透明度管理项目立项

基于供电企业工作特性，结合社会热点问题，聚焦利益相关方关注内容，坚持"全面覆盖、突出重点"原则，将透明度管理机制植入到各项目实施进展中。

识别需求

- 基于对社会媒体播报、相关政府部门发布的信息、企业客服热线接办问题等数据分析，有针对性地进行市场调研，分析社会环境和组织内部环境，确认与透明度管理相关的各种真实需求。

筛选项目

- 基于所识别的社会需求，对企业现有项目进行筛选。

透明度管理机制重点结合项目

- 管理提升类项目，如在业扩报装中进一步优化流程、透明价格以提升工作效率和服务质量。
- 技术创新类项目，如运用信息化技术实现电网抢修过程的可视化。
- 社会沟通类项目，如开展电网运营设施公众开放日等活动。

透明度管理机制其他相关项目

- 其他项目。

透明度管理项目推进

针对本书 41 页"透明度管理机制重点结合项目",企业需制定明确的透明度管理实施路径,以组织和推进透明度管理在项目中的落实,保障其能切实提升项目实施质效。

透明度管理机制在常规项目中的落实

针对企业现有的管理创新项目、社会责任根植项目、技术创新项目等,将透明度管理有关内容充分结合,通过设立透明度的评估维度,从立项、实施到绩效评估全过程分析这些项目在提升透明度方面的作用。

透明度管理对申报立项项目的评估内容

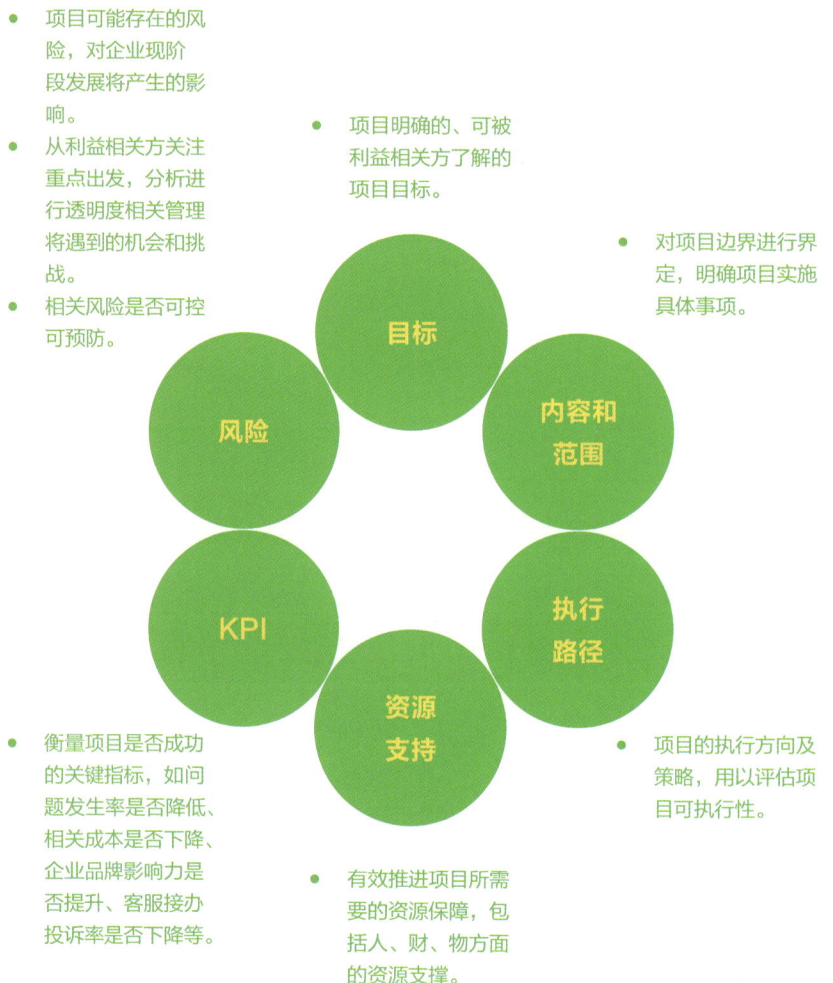

- 项目可能存在的风险,对企业现阶段发展将产生的影响。
- 从利益相关方关注重点出发,分析进行透明度相关管理将遇到的机会和挑战。
- 相关风险是否可控可预防。

- 项目明确的、可被利益相关方了解的项目目标。

- 对项目边界进行界定,明确项目实施具体事项。

目标

风险

内容和范围

KPI

执行路径

资源支持

- 衡量项目是否成功的关键指标,如问题发生率是否降低、相关成本是否下降、企业品牌影响力是否提升、客服接办投诉率是否下降等。

- 有效推进项目所需要的资源保障,包括人、财、物方面的资源支撑。

- 项目的执行方向及策略,用以评估项目可执行性。

透明度管理在项目推进中的结合

项目在执行过程中，应在各个环节考虑透明度管理及其产生的影响，重点考虑以下问题。

项目的实施步骤对利益相关方可能产生的影响	项目的开展流程是否可以进一步优化	项目相关的信息披露是否及时，相关人员是否能及时有效了解项目进展	项目是否可以采用更优化的信息化技术，以提升项目开展效率、及时有效传递项目推进信息等	项目是否需要利益相关方协作、沟通协作方式是否高效合理透明

透明度管理的项目储备

为提升透明度管理对企业发展的影响，可专门举办如"阳光＋"等以透明度为主题的项目或竞赛，集思广益，从各业务部门征集提升透明度的金点子和好创意，以项目制的方式进行落实。

透明度管理项目评估

绩效考核，应紧密结合透明度管理工作方面的考核评价内容，增加相关指标或在关键考核指标中增加透明度管理有关内容，通过绩效激励方式，将透明度管理与项目考核挂钩、与员工经济利益挂钩，促进员工在项目实施过程中，自觉高效落实透明度管理要求。

透明度管理项目推广

透明度管理项目在实施过程中，需及时汇总、整理有关资料；项目实施完成后，需形成最终成果性文件，并适用于以下对象。

透明度项目推广适用对象分析

对象	使用方式	形成效益
企业内部	形成无形资产	切实推动企业可持续发展
上级及兄弟单位	成果经验分享	寻求共同进步
外部利益相关方	通过传统媒体、新媒体、企业网站及微信号等渠道，及时向利益相关方沟通项目开展情况、所取得的成果及对其将产生的影响	获得利益相关方支持，优化企业经营发展环境

PRACTICES

实践篇

透明度管理的重点议题图谱

透明度管理议题的重要性可从需要整合利益相关方资源程度和利益相关方关注程度两个维度来共同衡量。

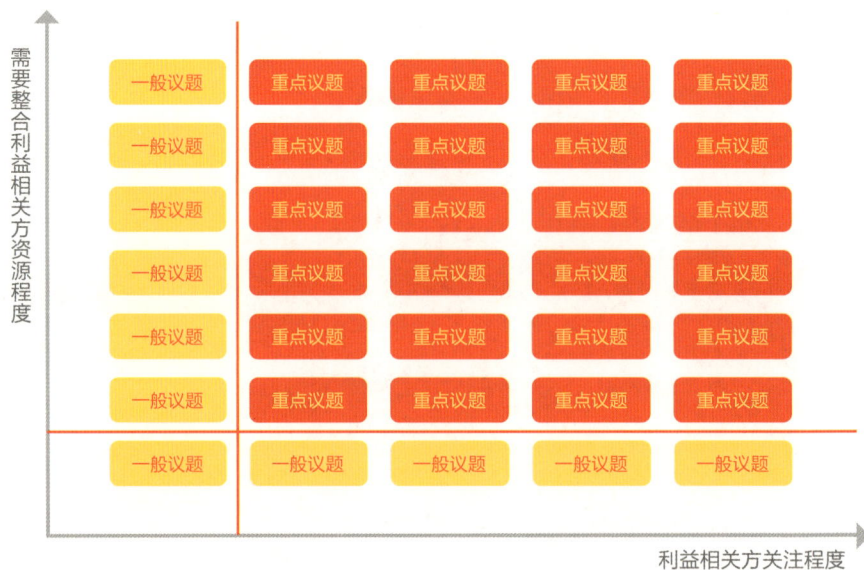

透明度管理重点议题筛选矩阵

通过以上议题筛选矩阵，筛选出供电企业业务运营、职能管理、专项管理、基础管理中的重要议题后，综合议题类型和企业在该议题上所能发动的资源等因素，进行透明度管理的优先排序，区分出优先议题和次优议题。

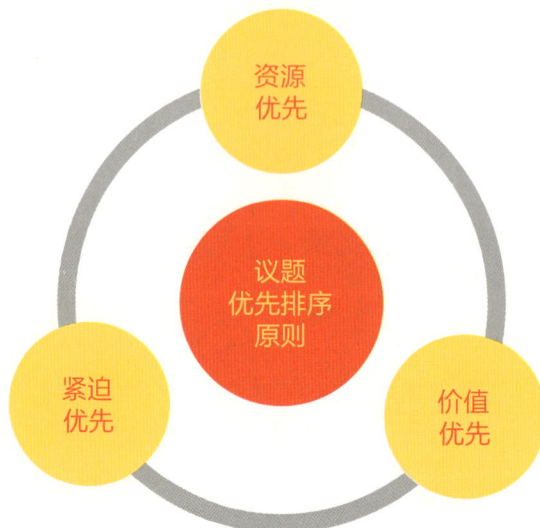

透明度管理议题优先排序原则

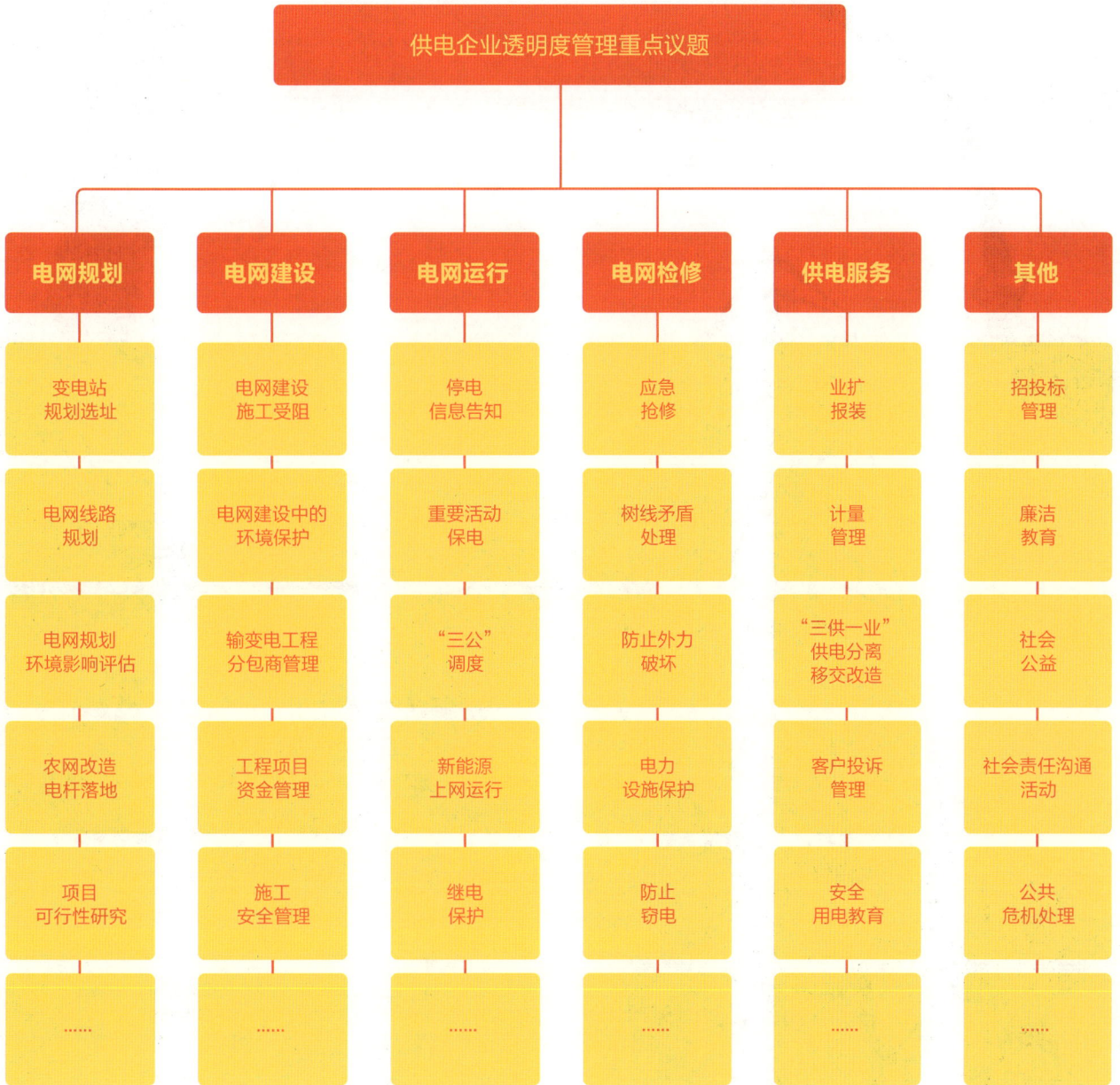

供电企业透明度管理重点议题

电网规划	电网建设	电网运行	电网检修	供电服务	其他
变电站规划选址	电网建设施工受阻	停电信息告知	应急抢修	业扩报装	招投标管理
电网线路规划	电网建设中的环境保护	重要活动保电	树线矛盾处理	计量管理	廉洁教育
电网规划环境影响评估	输变电工程分包商管理	"三公"调度	防止外力破坏	"三供一业"供电分离移交改造	社会公益
农网改造电杆落地	工程项目资金管理	新能源上网运行	电力设施保护	客户投诉管理	社会责任沟通活动
项目可行性研究	施工安全管理	继电保护	防止窃电	安全用电教育	公共危机处理
……	……	……	……	……	……

供电企业透明度管理重点议题

变电站
规划选址

合理的电网规划需要与地方经济发展规划相协调，需要充分考虑
受规划影响居民的合法权益。因此，加强供电企业与利益相关方
的沟通，提升电网规划透明度，对平衡各方利益关系、合理布局
电网线路、确保项目有序推进具有重要意义。

对谁透明?

变电站规划选址的透明对象

透明对象	关注动机	信息诉求	获信能力
政府部门	职责驱动	• 及时收取项目可研、施工、环评手续文件	★★★★★
被征地居民	利益驱动	• 获取征地赔偿等政策法规 • 签署征地协议	★★★★★
周边居民	利益驱动	• 获取变电站与居住区距离及影响等信息 • 获取变电站规划廊道信息	★★★★★
媒体	利益驱动 价值驱动	• 获取电网规划建设相关数据信息和具体影响	★★★★

透明什么?

变电站规划选址的透明内容

透明维度	具体内容
信息透明	• 电网建设投资等经营数据 • 电网规划文件、电网工程环境影响评价等文件方案 • 项目招投标信息等公告 • 电网规划等新闻报道 ……
制度透明	• 《中华人民共和国电力法》《中华人民共和国电力供应与使用条例》等政策法规 • 各地市电力/供用电条例、输变电工程补偿标准等政策法规 • 供电企业电力线路工程青苗赔偿规定、电网生产建设项目水土保持管理实施细则等制度文件 • ……
流程透明	• 对政府及受规划影响居民公布电网发展总体规划管理流程、主网架规划管理流程、配电网规划管理流程、分布式电源项目接入系统管理流程等 ……
运营透明	• 召开利益相关方座谈会,商讨电网规划 • 开展电磁环境影响、政策法规等宣传 ……

怎么透明?

变电站规划选址的透明策略

透明对象	关系策略			信息披露策略
	强关系策略	弱关系策略	泛关系策略	
政府部门	• 促进政府部门联合执法，减少征地补偿等纠纷事件 • 将电网规划纳入地方经济社会发展总体规划和专项规划	• 积极配合，及时沟通汇报 • 及时提交项目审阅与批复文件、提交环境评价手续	• 不适用	• 披露及汇报变电站规划信息 • 提交项目审批及环境评价文件
被征地居民	• 选择居民代表参加变电站规划座谈会议 • 促请居民代表劝说居民签署征地、拆迁、青苗补偿协议 • 与居民共同化解负面舆论，减少信访	• 在企业与居民之间相互信任的情况下，及时向被征地居民披露政策法规信息及变电站规划信息 • 按照政策法规签订征地、青苗补偿等协议	• 不适用	• 公布征地补偿等政策法规 • 公布项目补偿方案
周边居民	• 与居民共同开展电磁环境影响等环保宣传 • 与居民共同化解负面舆论，减少信访	• 公布变电站与居住区的安全距离 • 公布输电线路走向	• 不适用	• 公布输电线路走向 • 开展电磁环境影响宣传
媒体	• 不适用	• 不适用	• 获取电网规划信息 • 进行变电站建设、噪声、电磁环境影响等的正确宣传	• 借助媒体平台发布电网规划信息，开展电磁环境影响宣传

渠道策略		表达策略			
互动参与策略	社会监督策略	文字表达	图像表达	视频表达	实景表达
• 召开座谈会，结合经济社会发展总体规划商讨变电站规划选址	• 开设政务监督热线 • 联合执法监控负面舆论信息	• 上报项目审批及环境影响评价等文件	• 上报变电站规划示意图	• 不适用	• 开展变电站选址实地调研
• 邀请被征地居民参加征地补偿听证会，商讨补偿事宜	• 畅通投诉、举报、信访渠道	• 公布项目审批公告 • 公布征地补偿政策摘要	• 公布变电站规划示意图	• 公布变电站规划选址流程 • 开展新闻视频报道	• 召开变电站规划选址听证会
• 邀请周边居民参加电网规划体验活动或电网开放日活动，正确认识变电站安全距离及电磁环境影响相关知识	• 畅通投诉、举报、信访渠道	• 公布项目审批报告 • 发布电磁环境影响宣传文稿	• 公布变电站建设示意图 • 发布电磁环境影响宣传插画	• 发布电磁环境影响宣传片	• 开展变电站规划选址体验日活动 • 开展电网开放日活动
• 邀请媒体参加电网规划座谈会及相关开放日活动，并进行全程报道	• 联合搭建监督渠道	• 进行变电站规划文字报道 • 发布电磁环境影响宣传文稿	• 公布变电站建设示意图 • 发布电磁环境影响宣传插画	• 发布电磁环境影响宣传片 • 进行同步新闻视频报道 • 邀请媒体参加开放日活动直播报道	• 邀请媒体参加变电站规划选址体验日及电网开放日活动，并进行跟踪报道

电网建设
施工受阻

电网建设过程中往往出现利益补偿纠纷，或由于公众对安全、环境保护的顾虑等原因引起的阻工现象，既影响电网工程按期投产，又造成不良社会影响。供电企业需要加强透明度管理，透明电网工程建设过程中的征地拆迁补偿政策、方式，以及工程建设中的安全管理措施、电磁环境影响等相关信息，促进电网工程建设顺利落地。

对谁透明？

电网建设施工受阻的透明对象

透明对象	关注动机	信息诉求	获信能力
规划局、环保局等政府部门	职责驱动	• 及时收取项目可研、施工、环评手续文件 • 获取电网建设相关数据信息	★★★★★
受偿居民	利益驱动	• 获取征地赔偿等政策法规 • 签署征地协议	★★★★★
周边居民	利益驱动	• 获取电网工程建设噪声标准、施工垃圾处置办法等信息 • 获取电网工程安全施工标准、电磁环境影响安全距离等信息	★★★★★
媒体	利益驱动 价值驱动	• 获取电网建设相关数据信息和具体影响	★★★★

透明什么？

电网建设施工受阻的透明内容

透明维度	具体内容
信息透明	• 电网建设投资等经营数据 • 电网工程施工批复文件、电网工程施工安全标准、电网工程环境影响评价等文件方案 • 电网工程建设等新闻报道 ……
制度透明	• 《中华人民共和国电力法》《中华人民共和国电力设施保护条例》《环境保护法》等国家政策法规 • 各地市电力 / 供用电条例、输变电工程补偿标准、环境保护条例等政策法规 • 供电企业电力线路工程青苗赔偿规定、电网生产建设项目水土保持管理实施细则、电网建设项目竣工环境保护验收实施细则等制度文件 ……
流程透明	• 对政府及受电网工程建设影响的居民公布输变电工程开工管理流程、输变电工程项目建设过程管理流程、电网项目安全风险管理流程、输变电工程安全、质量事故管理流程等 ……
运营透明	• 召开电网工程建设说明座谈会，公开电网工程建设相关信息 • 开展电磁环境影响、政策法规等宣传 ……

怎么透明?

电网建设施工受阻的透明策略

透明对象	关系策略			信息披露策略
	强关系策略	弱关系策略	泛关系策略	
规划局、环保局等政府部门	• 促进政府部门联合执法，减少阻工、环境纠纷等事件 • 与政府部门建立协同沟通机制	• 积极配合，及时沟通汇报 • 及时提交项目施工审批文件、提交环境评价手续	• 不适用	• 披露及汇报电网工程建设信息 • 提交项目审批及环境评价文件
受偿居民	• 选择居民代表参加电网工程建设座谈会议 • 促请居民代表劝说居民签署征地、拆迁、青苗补偿协议 • 与居民共同化解负面舆论，减少信访	• 在企业与居民之间相互信任的情况下，及时向被征地居民披露政策法规信息及工程建设信息 • 按照政策法规签订征地、拆迁、青苗补偿等协议	• 不适用	• 公布征地、拆迁、青苗补偿等政策法规 • 公布项目补偿方案
周边居民	• 与居民共同开展工程建设中噪声、扬尘、安全施工等宣传 • 与居民共同化解负面舆论，减少信访	• 公布电网与居住区的安全距离 • 公布工程建设噪声分贝、标准化施工管控措施等	• 不适用	• 公布电网工程建设安全、环保、施工等标准 • 公布输电线路走向
媒体	• 不适用	• 不适用	• 获取电网工程建设信息 • 进行电网工程建设、噪声、电磁环境影响等的正确宣传	• 借助媒体平台发布电网工程建设相关信息，开展电磁环境影响宣传

渠道策略		表达策略			
互动参与策略	社会监督策略	文字表达	图像表达	视频表达	实景表达
• 形成联合工作机制，共同确定电网工程施工安全、环保标准，并严格执行	• 开设政务监督热线 • 联合执法监控负面舆论信息 • 接受相关政府部门监督、检查	• 上报项目审批及环境影响评价等文件	• 上报电网工程建设过程图片，以及电网工程建设相关标准示意图	• 上报电网工程建设视频记录	• 实地调研建设中的电网工程
• 邀请受偿居民参加征地、拆迁、青苗补偿听证会，共同商讨补偿事宜	• 畅通投诉、举报、信访渠道	• 公布项目审批公告 • 公布征地补偿政策摘要 • 公布施工标准摘要	• 发布电网工程建设过程图片，以及电网工程建设相关标准示意图	• 发布电网工程建设视频记录 • 进行新闻视频报道	• 召开电网工程建设听证会 • 邀请受偿居民参加电网工程建设体验日
• 邀请周边居民走进电网工程建设现场，感受电网工程建设安全施工、绿色施工标准及流程	• 畅通投诉、举报、信访渠道	• 发布项目审批报告 • 发布电磁环境影响宣传文稿 • 发布绿色施工宣传文稿	• 发布电网工程建设过程图片 • 发布电磁环境影响宣传插画 • 发布绿色施工宣传插画	• 发布电网工程建设视频记录 • 发布绿色施工宣传片 • 发布电磁环境影响宣传片	• 邀请周边居民参加电网工程建设体验日
• 邀请媒体参加电网工程建设座谈会及相关开放日活动，并进行全程报道	• 联合搭建监督渠道	• 进行电网工程建设文字报道 • 发布电磁环境影响宣传文稿 • 发布绿色施工宣传文稿	• 发布电磁环境影响宣传插画 • 发布绿色施工宣传插画	• 发布电网工程建设视频记录、绿色施工宣传片、电磁环境影响宣传片 • 进行 同步新闻视频报道 • 邀请媒体参加开放日活动，并进行直播报道	• 邀请媒体参加电网工程建设体验日及电网开放日活动，并进行跟踪报道

电网建设中的
环境保护

电网建设工程周边居民对于电力设施的电磁环境影响缺少科学认识；也有部分居民认为电力设施会损害生态环境和景观环境、影响房屋增值，对电网工程建设较为担忧、抵触；有的地区甚至出现"谈电色变"现象，对电网施工造成不良影响。供电企业和政府部门应共同加强与工程周边居民的沟通，消除公众疑虑，为电网建设创造良好的外部环境。

对谁透明？

电网建设中环境保护的透明对象

透明对象	关注动机	信息诉求	获信能力
环保局等政府部门	职责驱动	• 及时收取项目环境评价手续文件 • 获取电网建设环境保护相关数据信息	★★★★★
周边居民	利益驱动	• 获取电网工程建设噪声标准、施工垃圾处置办法等信息 • 获取电力设施对环境、安全的影响	★★★★★
媒体	利益驱动 价值驱动	• 获取电网建设相关数据信息和具体影响	★★★★

透明什么？

电网建设中环境保护的透明内容

透明维度	具体内容
信息透明	• 电网建设投资等经营数据 • 电网工程施工批复文件、电网工程施工安全标准、电网工程环境影响评价等文件方案 • 电网工程建设等新闻报道 ......
制度透明	• 《环境保护法》《环境保护行政许可听证暂行办法》《电磁环境控制限值》（GB 8702–2014）等国家政策法规 • 各地市环境保护条例、环境管理办法等政策法规 • 供电企业电网生产建设项目水土保持管理实施细则、电网建设项目竣工环境保护验收实施细则等制度文件 ......
流程透明	• 对政府及周边居民公布电网建设项目环境影响评价管理流程、电网建设项目竣工环保验收管理流程、节能减排工作管理流程等 ......
运营透明	• 开展电网工程环境影响座谈会，公开电网工程建设相关信息 • 开展电磁环境影响、绿色施工标准、政策法规等宣传 ......

怎么透明?

电网建设中环境保护的透明策略

透明对象	关系策略			信息披露策略
	强关系策略	弱关系策略	泛关系策略	
规划局、环保局等政府部门	• 促进政府部门联合执法，减少环境纠纷等事件 • 与政府部门建立协同沟通机制	• 积极配合，及时沟通汇报 • 及时提交环境评价手续	• 不适用	• 披露及汇报电网工程环境影响评价信息 • 提交项目审批及环境评价文件
周边居民	• 与周边居民共同开展工程建设中噪声、扬尘等宣传 • 与居民共同开展电磁环境影响宣传 • 与居民共同化解负面舆论，减少信访	• 公布电网工程建设环保标准 • 公布工程建设噪声分贝、绿色施工管控措施等	• 不适用	• 公布电网工程建设安全、环保、施工等标准 • 公布输电线路走向
媒体	• 不适用	• 不适用	• 获取电网工程建设信息 • 进行电网工程建设、噪声、电磁环境影响等正确宣传	• 借助媒体平台发布电网工程建设相关信息，开展绿色施工、电磁环境影响宣传

渠道策略		表达策略			
互动参与策略	社会监督策略	文字表达	图像表达	视频表达	实景表达
• 形成联合工作机制，共同确定环保标准，并严格执行	• 开设政务监督热线 • 联合执法监控负面舆论信息 • 接受相关政府部门监督、检查	• 上报项目环境影响评价等文件 • 上报协同沟通机制及联合执法文件	• 上报电网工程建设中涉及环境保护的现场图片	• 上报电网工程建设中绿色施工专项视频记录	• 实地调研建设中的电网工程
• 邀请周边居民代表参与供电企业电力与环境相关规定制定 • 邀请周边居民走进电网工程建设现场，感受电网工程建设绿色施工标准及流程	• 畅通投诉、举报、信访渠道	• 公布项目环境影响评价等文件 • 发布电磁环境影响宣传文稿 • 发布绿色施工宣传文稿	• 发布电磁环境影响宣传插画 • 发布绿色施工宣传插画	• 公布电网工程建设中绿色施工专项视频记录 • 发布电磁环境影响宣传片	• 邀请周边居民参加电网工程建设体验日
• 邀请媒体参加电网工程建设座谈会及相关开放日活动，进行全程报道	• 联合搭建监督渠道	• 发布电磁环境影响宣传文稿 • 发布绿色施工宣传文稿	• 发布电磁环境影响宣传插画 • 发布绿色施工宣传插画	• 发布电网工程建设绿色施工宣传片、电磁环境影响宣传片 • 进行同步新闻视频报道 • 邀请媒体参加开放日活动，进行直播报道	• 邀请媒体参加电网工程建设体验日及电网开放日活动，进行跟踪报道

输变电工程
分包商管理

输变电工程建设过程中需要将工程施工分包，分包商的有效管理
涉及到工程建设安全管理、质量管理及分包商施工人员的切身利
益。往往分包工程施工中的安全事故、纠纷赔偿等会直接关系到
供电企业输变电工程建设的进度和质量，因此，加强输变电工程
分包商透明度管理，明细各方职权边界，保障施工人员的切身利益，
管控工程建设安全风险对维护供电企业形象起到重要作用。

对谁透明？

输变电工程分包商管理的透明对象

透明对象	关注动机	信息诉求	获信能力
地方政府	职责驱动	• 及时收取输变电工程项目批复建设文件 • 获取输变电工程分包商资质信息	★★★★
分包商	职责驱动 利益驱动	• 获取输变电工程项目建设信息及招标公告 • 获取输变电工程项目所需分包商资质条件 • 获取电网工程施工安全标准等	★★★★★
施工人员	利益驱动	• 透明保障分包商施工人员利益的合同条款 • 获取电网工程施工安全标准、安全施工知识或培训	★★★★★

透明什么？

输变电工程分包商管理的透明内容

透明维度	具体内容
信息透明	• 电网工程施工批复文件、电网工程施工安全标准等文件方案 • 电网工程建设等新闻报道 ……
制度透明	• 《建筑法》《建筑工程质量管理条例》等政策法规 • 各地市建筑管理条例、供用电条例等政策法规 • 供电企业工作票管理规定、施工单位安全管理模块管理办法、电力客户现场工作安全监督管理规定等制度文件 ……
流程透明	• 对地方政府、分包商公布输变电工程建设招投标流程、安全管理流程等 • 对施工人员公布安全管理流程、纠纷处置流程等 ……
运营透明	• 开展输变电工程安全管理座谈会，公开电网工程建设相关安全标准 • 开展安全施工培训及讲座，提高安全意识 ……

怎么透明?

输变电工程分包商管理的透明策略

透明对象	关系策略			信息披露策略
	强关系策略	弱关系策略	泛关系策略	
地方政府	• 促进政府部门联合执法,减少分包商施工人员安全事故纠纷等事件 • 与政府部门建立协同沟通机制	• 积极配合,及时沟通汇报 • 及时提交输变电工程建设审批文件	• 不适用	• 披露及汇报输变电工程建设信息 • 提交项目审批文件 • 公布输变电工程建设安全标准
分包商	• 及时解答分包商招投标过程中的疑问 • 与分包商共同开展安全施工讲座、培训	• 公布输变电工程招标信息 • 公布输变电工程安全管理标准	• 不适用	• 公布输变电工程招标信息 • 公布电网工程建设安全施工标准
施工人员	• 调研施工人员现实需求 • 有针对性开展常规安全培训或体验式安全培训 • 注重施工人员的培训反馈	• 开展安全施工讲座、培训 • 公布纠纷处置说明	• 不适用	• 公布安全管理流程及施工标准 • 开展安全施工讲座及培训

渠道策略		表达策略			
互动参与策略	社会监督策略	文字表达	图像表达	视频表达	实景表达
• 共同确定电网工程安全施工标准，并严格执行 • 形成联合工作机制，共同处理电网工程安全事故纠纷	• 开设政务监督热线 • 联合执法监控负面舆论信息 • 接受相关政府部门监督、检查	• 上报输变电工程招标公告及审批文件	• 上报输变电工程安全管理流程示意图	• 上报安全施工专项视频记录	实地调研建设中的电网工程
• 邀请分包商共同探讨安全管理标准，确保明确安全施工规定 • 邀请分包商走进其他输变电工程施工现场，感受电网工程建设安全管理流程及施工标准	• 畅通问题反馈通道	• 公布输变电工程招标公告及审批文件 • 公布安全管理规定及施工标准	• 公布输变电工程安全管理流程示意图 • 发布安全施工宣传插画	• 公布安全施工专项视频记录 • 发布安全施工宣传片	• 邀请分包商参加电网工程建设体验日
• 邀请施工人员体验安全管理流程及标准 • 邀请分包商、施工人员共同规范施工管理	• 畅通信访、反馈渠道	• 公布安全管理流程及安全施工标准	• 发布安全施工宣传插画 • 公布输变电工程安全管理流程示意图	• 公布安全施工专项视频记录 • 发布安全施工宣传片	• 邀请施工人员参加电网工程建设体验日及安全施工培训

停电信息告知

现代城市的发展让企业和居民对电的依赖性越来越高，对停电的
容忍度也越来越低，及时准确的停电信息告知不仅能让客户有序
安排停电时段的生产、生活，还能有效安抚客户情绪，减少因停
电带来的投诉及纠纷。因此，加强供电企业与利益相关方的沟通，
提升停电信息告知的透明度，对提升停电管理水平、维护各方关
系具有积极作用。

对谁透明?

停电信息告知的透明对象

透明对象	关注动机	信息诉求	获信能力
政府部门	职责驱动	• 及时收取计划停电、故障停电等中止供电的相关文件、资料	★★★★★
专用变压器客户	利益驱动	• 及时获取停复电信息,如停电时间、停电原因、抢修进度、复电时间等	★★★★★
一般用电客户	利益驱动	• 获取准确的停电信息,如停电时间、停电原因、复电时间等	★★★★
社区	利益驱动价值驱动	• 获取准确的停电信息,如停电时间、停电原因、抢修进度、复电时间等	★★★★★
媒体	利益驱动价值驱动	• 获取准确的停电信息,如停电时间、停电地区、停电原因、复电时间等	★★★★

透明什么?

停电信息告知的透明内容

透明维度	具体内容
信息透明	• 停电时间 • 停电原因 • 停电地区 • 复电时间 • 抢修进度 ……
制度透明	• 《中华人民共和国电力法》《中华人民共和国电力供应与使用条例》《供电监管办法》等国家政策法规 • 各地市电力 / 供用电条例等政策法规 • 各供电企业配网不停电作业管理实施细则、220 千伏输变电设备检修停电计划管理规定等制度文件 ……
流程透明	• 日前停电计划审批管理流程 • 故障停电抢修管理流程 • 电费欠费停电管理流程 ……
运营透明	• 召开利益相关方座谈会,商讨年度停电计划安排等事宜 • 提前发布停电信息公告并做好相应宣传通知工作 ……

怎么透明？

停电信息告知的透明策略

透明对象	关系策略			信息披露策略
	强关系策略	弱关系策略	泛关系策略	
政府部门	• 促请政府部门召开计划停电座谈会，商讨年度计划停电安排，协调沟通保障地区发展利益最大化	• 积极配合，及时沟通汇报 • 及时提交计划停电、故障停电相关文件	• 不适用	• 提交计划停电文件 • 披露及汇报故障停电信息
专用变压器客户	• 提前与客户沟通停电安排等相关事宜，考虑企业客户生产运营高峰等情况 • 及时告知停复电信息，让客户有序安排生产经营活动	• 公布停电信息，如停电时间、停电原因、停电地区、复电时间等	• 不适用	• 公布停复电信息公告 • 短信告知停电信息
一般用电客户	• 发送停电信息告知短信 • 与客户共同引导负面舆论，减少投诉、信访	• 公布停电信息，如停电时间、停电原因、复电时间等	• 不适用	• 短信告知停电信息
社区	• 共同合作对小区居民发布停电信息公告	• 公布停电信息，如停电时间、停电原因、复电时间等	• 不适用	• 发布停电信息公告通知
媒体	• 不适用	• 不适用	• 及时提供停电信息 • 合作进行停电信息公告	• 借助媒体平台发布停电信息公告

渠道策略		表达策略			
互动参与策略	社会监督策略	文字表达	图像表达	视频表达	实景表达
• 共同商讨制定年度停电计划	• 及时应对并处理好监督热线反馈意见 • 联合执法监控负面舆论信息	• 上报停电信息汇报文件	• 上报停电管理流程图 • 上报停电范围图 • 上报现场抢修图片	不适用	• 联合开展大面积停电应急演练
• 邀请企业客户参加计划停电座谈会，商讨计划停电时间	• 畅通投诉、举报、信访渠道	• 公布停复电信息公告	• 公布停电范围图	• 发布停电信息新闻播报 • 发布抢修现场视频记录	• 召开计划停电座谈会 • 安排客户经理电话通知、走访告知
• 不适用	• 畅通投诉、举报、信访渠道	• 公布停电信息公告	• 公布停电范围图	• 发布停电信息新闻播报 • 发布抢修现场视频记录	• 召开抢修现场专项解答活动
• 联合社区物业、村委会等向居民告知停电信息	• 畅通投诉、举报、信访渠道 • 联合监控负面舆论信息	• 公布停电信息公告通知文稿	• 公布停电范围图	• 发布停电信息新闻播报 • 发布抢修现场视频记录	• 安排供电企业员工电话通知、走访告知
• 邀请媒体参加停电信息告知工作意见征询会	• 畅通投诉、举报、信访渠道 • 联合监控负面舆论信息	• 发布停电信息公告文字报道	• 公布停电范围图	• 进行同步停电信息新闻播报 • 直播现场抢修	• 安排供电企业员工电话通知、走访告知 • 邀请媒体参与大面积停电应急演练

重要活动保电

随着社会经济的蓬勃发展，地方重大政治经济活动越来越多，对电网安全可靠供电的要求也越来越高。因此，加强供电企业与利益相关方的沟通，促进资源整合、多方协调配合，提升重要活动保电的透明度，对确保重要活动保电工作万无一失、活动的顺利开展和圆满完成具有重要意义。

对谁透明?

重要活动保电的透明对象

透明对象	关注动机	信息诉求	获信能力
政府部门	职责驱动	• 收取准确的保电方案、保电人员和设备投入等信息 • 收取保电期间工作机制、突发情况应急预案等	★★★★★
重要保电客户	利益驱动	• 获取保电申请流程及所需材料信息 • 获取重要活动期间完善的保电应急预案、保电人力和物力支持信息 • 获取重要活动期间发生停电事件的原因及复电时间等 • 获取服务反馈渠道信息	★★★★★
社会公众	利益驱动	• 获取重要活动保电对公众正常生产生活用电的影响 • 获取服务投诉渠道信息	★★★
媒体	利益驱动 价值驱动	• 获取重要活动保电现场的真实情况	★★★★

透明什么?

重要活动保电的透明内容

透明维度	具体内容
信息透明	• 保电方案 • 保电应急预案 • 保电投入人力、物力等信息 • 对社会公众生活用电的影响 ……
制度透明	• 《中华人民共和国电力法》《中华人民共和国电力供应与使用条例》《电力监管条例》《重大活动电力安全保障工作规定》等国家政策法规 • 各地市电力 / 供用电条例等政策法规 • 各供电企业应急管理工作规定管理办法、重大活动及重大节假日保供电管理办法等制度文件 ……
流程透明	• 保电申请流程 • 保电服务流程 • 保电应急响应流程 • 重大活动客户侧保供电方案制定流程 ……
运营透明	• 开展利益相关方座谈会,商讨保电方案、应急预案 • 重要活动保电过程、成果等宣传 ……

怎么透明?

重要活动保电的透明策略

透明对象	关系策略			信息披露策略
	强关系策略	弱关系策略	泛关系策略	
政府部门	• 促进政府部门联合开展保电工作,降低保电场所安全风险	• 及时沟通汇报保电工作,如保电方案、应急预案等	• 不适用	• 披露及汇报重要活动保电工作信息 • 提交保电工作方案等文件
重要保电客户	• 邀请保电客户参加重要活动保电座谈会 • 根据各方资源及工作需求,与保电客户相互协作、分工,共同完成重要活动保电	• 披露保供电相关政策法规信息 • 签订保供电合同	• 不适用	• 公布保电方案 • 公布保电投入信息 • 公布保电申请渠道
社会公众	• 与公众共同化解负面舆论,减少投诉	• 发布重要活动保供电新闻	• 不适用	• 公布重要活动保电情况,如活动情况、保电投入资源、保电意义等
媒体	• 不适用	• 不适用	• 提供重要活动保电现场的情况 • 进行重要活动保电的宣传	• 借助媒体平台发布重要活动保电信息 • 开展重要活动保电宣传

渠道策略		表达策略			
互动参与策略	社会监督策略	文字表达	图像表达	视频表达	实景表达
• 召开重要活动保电工作座谈会，共同商议重要活动保电方案	• 开设政务监督热线 • 联合执法监控负面舆论信息	• 上报保电方案 • 上报保电应急预案	• 上报保电范围示意图 • 上报保电现场照片	• 不适用	• 开展保电现场情况实地调研
• 邀请保电客户参加保电工作座谈会，商议保电方案并安排分工协作事宜	• 畅通投诉、举报、信访渠道	• 公布保电方案 • 公布保电应急预案 • 公布保电投入信息	• 公布保电范围示意图 • 公布任务分工值守示意图 • 公布保电工作流程图，如申请流程图、应急响应流程图等	• 发布新闻视频报道	• 了解保电现场工作流程
• 邀请社会公众反馈重要活动保电期间用电感受，并宣传保电重要性等相关内容	• 畅通投诉、举报、信访渠道	• 公布重要活动保电文字宣传	• 公布保电范围示意图	• 发布保电现场视频报道	• 不适用
• 邀请媒体到重要活动保电现场，进行全程报道	• 联合搭建监督渠道	• 公布重要活动保电文字宣传稿	• 公布保电范围示意图	• 进行同步新闻视频报道	• 邀请媒体到重要活动保电现场，进行跟踪报道

"三公"调度

在满足电力系统安全、稳定、经济运行的前提下，电力调度机构需遵循国家法律法规，平等对待各市场主体，维护发电企业的权利。因此加强供电企业与利益相关方的沟通，增强电力调度运行管理信息的透明度，对保障电网安全稳定运行、共建和谐的厂网关系、维护电网和发电企业的整体利益具有重要意义。

对谁透明?

"三公"调度的透明对象

透明对象	关注动机	信息诉求	获信能力
政府部门	职责驱动	• 收取及汇报电力市场交易信息 • 收取"三公"调度交易情况,提供合同文件等材料 • 收取"三公"调度信息发布情况	★★★★★
发电企业	利益驱动	• 获取政府"三公"调度相关政策、法规信息 • 获取"三公"调度信息 • 获取调度信息查询渠道	★★★★★
媒体	利益驱动 价值驱动	• 获取政府"三公"调度相关政策、法规信息宣传材料 • 获取"三公"调度信息和具体影响	★★★★

透明什么?

"三公"调度的透明内容

透明维度	具体内容
信息透明	• 电力"三公"调度交易信息 • 电量计划分配信息 • 调度计划信息 • 电力多边市场情况,如新准入企业等 ……
制度透明	• 《关于促进电力调度公开、公平、公正的暂行办法》《发电厂并网运行管理规定》和《电网调度管理条例》等国家政策法规 • 各地市"三公"调度相关政策、法规和有关市场规则、规定 • 各供电企业"三公"调度工作管理规定等制度文件 ……
流程透明	• 调度计划制定流程 • 年度调度计划管理流程 • 月度调度计划管理流程 • 并网调度协议签订管理流程 • 日前调度计划安全校核流程 • 水电管理各流程 • 新能源发电调度管理各流程 ……
运营透明	• 召开利益相关方座谈会,商讨调度计划 • "三公"调度政策法规等宣传 ……

怎么透明?

"三公"调度的透明策略

透明对象	关系策略			信息披露策略
	强关系策略	弱关系策略	泛关系策略	
政府部门	• 邀请相关政府部门参与"三公"调度现场会、交易规范管理会议等,加强与地方政府的沟通联系	• 及时沟通汇报电力调度情况 • 提交电力"三公"调度交易信息	• 不适用	• 披露及汇报电力"三公"调度交易信息 • 提交调度计划等文件
发电企业	• 组织召开厂网联席会等,共同商讨调度工作中存在的问题 • 签订购售电合同、并网调度协议等	• 公布"三公"调度交易信息 • 公布电力市场交易情况	• 不适用	• 购售电合同 • 并网调度协议 • 公布电力"三公"调度交易信息 • 公布多边市场信息
媒体	• 不适用	• 不适用	• 提供调度交易信息 • 进行"三公"调度宣传	• 借助媒体平台发布"三公"调度交易信息

渠道策略		表达策略			
互动参与策略	社会监督策略	文字表达	图像表达	视频表达	实景表达
• 联合政府部门组织召开"三公"调度工作会议	• 开设政务监督热线 • 联合执法监控负面舆论信息	• 上报电力"三公"调度交易信息披露文稿	• 上报"三公"调度策略图	• 不适用	• 召开"三公"调度现场会、交易规范管理会议
• 邀请发电企业参加厂网联席会议等，商讨调度计划安排 • 接受发电企业问询和"三公"调度监督	• 畅通投诉、举报、信访渠道	• 发布电力"三公"调度交易信息披露文稿 • 发布多边市场新闻信息	• 公布"三公"调度策略图 • 公布"三公"调度流程示意图	• 发布"三公"调度政策、法规等视频新闻报道	• 召开厂网联席会议 • 召开"三公"调度现场会
• 邀请媒体参加"三公"调度现场会、交易规范管理会议等，并进行全程报道	• 联合搭建监督渠道	• 发布电力"三公"调度交易信息披露文稿	• 公布"三公"调度策略图 • 公布"三公"调度流程示意图	• 邀请媒体参加相关会议，并进行直播报道 • 提供图片、视频等素材进行新闻报道	• 邀请媒体参加"三公"调度相关会议，并进行跟踪报道

应急抢修

供电企业应急抢修往往涉及与各级政府、水务局、气象局、电信运营商、学校、社区、居民及媒体等多个利益相关方的利益协调、相互支持与协作。因此，加强供电企业与利益相关方的沟通，增强应急抢修的透明度，对促进利益相关方参与及合作、缩短应急抢修时间、提高复电效率具有重要意义。

对谁透明？

应急抢修的透明对象

透明对象	关注动机	信息诉求	获信能力
政府部门	职责驱动	• 收取故障停电受损区域、影响范围等信息 • 收取电力抢修进程动态信息 • 收取应急预案等文件材料	★★★★★
电信运营商	利益驱动	• 获取停复电信息 • 获取故障停电受损区域、影响范围等信息	★★★★
客户	利益驱动	• 获取停复电信息、抢修进度等信息	★★★★
媒体	利益驱动 价值驱动	• 获取电力抢修进程动态信息 • 获取停复电信息 • 获取突发事件或故障停电造成的影响	★★★★

透明什么？

应急抢修的透明内容

透明维度	具体内容
信息透明	• 突发事件或故障停电造成的影响 • 停电受损区域、影响范围等信息 • 电力抢修进程动态信息 • 停复电信息 • 应急预案 ……
制度透明	• 《中华人民共和国突发事件应对法》《电力企业应急预案管理办法》《电力突发事件应急演练导则》等国家政策法规 • 各地市应急抢险救灾工程管理办法等政策法规 • 各供电企业应急管理工作规定等制度文件 ……
流程透明	• 安全应急规划管理流程 • 应急预案管理流程 • 应急处置流程 • 应急工作督促检查流程 • 重要活动应急工作督查流程 • 预防预警流程 • 防灾减灾及应急抢修管理流程 • 应急物资供应管理流程 ……
运营透明	• 召开利益相关方座谈会，商讨应急处置相关工作 • 开展应急演练 • 电力设施保护、政策法规等宣传 ……

怎么透明?

应急抢修的透明策略

透明对象	关系策略			信息披露策略
	强关系策略	弱关系策略	泛关系策略	
政府部门	• 促进政府部门配合协作,成立应急领导小组、提供应急资源支持 • 联合政府部门开展应急演练 • 将供电企业应急预案纳入地方政府应急管理之中	• 积极配合,及时沟通汇报电力抢修进程动态信息 • 及时提交应急预案等文件材料	• 不适用	• 披露及汇报电力抢修进程动态信息 • 提交应急预案、应急处理等文件
电信运营商	• 合作恢复供电网络和通信网络正常运行	• 公布停复电信息 • 公布故障停电受损区域、影响范围等信息	• 不适用	• 公布停复电信息 • 公布故障停电受损区域、影响范围等信息
客户	• 与客户联合开展电力设施保护宣传 • 与客户共同化解负面舆论,减少投诉	• 公布停复电信息 • 公布抢修进度信息	• 不适用	• 公布停复电信息
媒体	• 不适用	• 不适用	• 披露电力抢修进程动态信息,规范舆论导向 • 进行电力设施保护、应对突发事件等宣传	• 披露电力抢修进程动态信息 • 提供突发事件或故障停电造成的影响

渠道策略		表达策略			
互动参与策略	社会监督策略	文字表达	图像表达	视频表达	实景表达
• 召开突发事件应急处置座谈会、协调会、联席会议等,商讨应急处置相关事宜 • 联合政府部门开展应急演练,共同完善应急预案,开展应急处置工作	• 联合执法监控负面舆论信息	• 上报电力抢修进程动态信息 • 上报故障停电受损区域、影响范围等文件材料	• 上报故障停电受损区域、影响范围示意图 • 上报应急管理流程图	• 不适用	• 联合开展应急演练 • 深入应急抢修现场考察
• 上门沟通协调应急抢修工作,促进通信网络恢复 • 组织座谈会议,商讨应急处置合作机制	• 畅通投诉、举报、信访渠道	• 公布停复电信息公告 • 公布故障停电受损区域、影响范围等文件材料	• 公布故障停电受损区域、影响范围示意图	• 不适用	• 联合开展应急演练
• 上门沟通协调,及时告知抢修情况,与客户共同化解负面舆论	• 畅通投诉、举报、信访渠道	• 公布停复电信息公告	• 发布电力设施保护宣传漫画 • 发布电力设施保护宣传单	• 发布电力设施保护宣传片 • 发布电力设施保护宣传录音	• 邀请客户参加电网开放日、观摩体验应急管理中心等
• 邀请媒体参与应急演练活动,进行全程报道 • 与媒体合作,对电力抢修过程实时进行跟踪报道,规范舆论导向	• 联合搭建监督渠道	• 发布电力抢修进程动态信息 • 发布电力设施保护宣传文稿	• 公布故障停电受损区域、影响范围示意图 • 发布电力设施保护宣传漫画 • 发布电力设施保护宣传单	• 发布电力设施保护宣传片 • 进行同步新闻视频报道	• 邀请媒体参加电网开放日、观摩应急管理中心等 • 进行应急抢修跟踪报道

树线矛盾处理

为了保证树木与电力设施保持足够的安全距离，在对树木进行移栽、换植、修剪、砍伐时，需要充分考虑树木所有者的合法权益。因此，加强供电企业与利益相关方的沟通，增强树线矛盾处理的透明度，对妥善解决树线矛盾、确保电网安全稳定运行具有重要意义。

对谁透明?

树线矛盾处理的透明对象

透明对象	关注动机	信息诉求	获信能力
政府部门	职责驱动 利益驱动	• 收取树线矛盾廊道的相关信息，如树木与输电线路的距离及影响等信息 • 收取环评手续批复相关材料 • 收取申请采伐许可证相关材料	★★★★★
树木产权所有者	利益驱动	• 获取线下树木修剪、砍伐赔偿等政策法规 • 获取线下树木砍伐赔偿协议	★★★★
媒体	利益驱动	• 获取树线矛盾危害信息 • 获取树木修剪、砍伐等对居住环境的影响信息	★★★

透明什么?

树线矛盾处理的透明内容

透明维度	具体内容
信息透明	• 树线矛盾廊道的相关信息，如树木与输电线路的距离及影响等信息 • 树木采伐许可证 • 电力线路廊道内树木赔偿协议 　……
制度透明	• 《中华人民共和国电力法》《电力设施保护条例》《电力设施保护条例实施细则》《中华人民共和国森林法》等国家政策法规 • 各地市电力设施保护条例、电力设施保护办法、电力设施建设与保护制度等政策法规 • 各供电企业电力设施保护工作管理办法、电力设施保护技术防范工作规范等制度文件 　……
流程透明	• 树线矛盾处理流程 　……
运营透明	• 召开利益相关方座谈会，商讨树线矛盾解决方案 • 树线矛盾危害、相关政策法规等宣传 　……

怎么透明?

树线矛盾处理的透明策略

透明对象	关系策略			信息披露策略
	强关系策略	弱关系策略	泛关系策略	
政府部门	• 促进政府部门统筹考虑电力线路廊道规划和地方环保规划、市貌规划等,从源头减少树线矛盾 • 定期汇报沟通并商议树线矛盾工作,提升政府部门参与度	• 及时提交环境评价手续,提交树木采伐许可证等审阅与批复文件 • 及时沟通交流树木与电力线路的距离及影响等信息	• 不适用	• 披露及汇报树线矛盾信息 • 提交环境评价文件、树木采伐许可证等
树木产权所有者	• 邀请树木产权所有者参加树线矛盾工作协商座谈会议 • 签订砍伐树木赔偿协议	• 向树木产权所有者披露相关政策法规信息及树线矛盾危害、安全隐患等信息	• 不适用	• 公布树线矛盾相关法律法规 • 公布砍伐树木赔偿协议 • 公布树线矛盾危害、安全隐患等信息
周边居民	• 与周边居民共同化解负面舆论,减少信访	• 向周边居民披露树线矛盾危害、安全隐患等信息	• 不适用	• 公布树线矛盾危害、安全隐患等信息

渠道策略		表达策略			
互动参与策略	社会监督策略	文字表达	图像表达	视频表达	实景表达
• 召开座谈会商讨解决树线矛盾问题	• 开设监督投诉举报热线 • 联合执法监控负面舆论信息	• 上报环境评价文件、树木采伐许可证等批复文件	• 上报树线矛盾的线路廊道示意图	• 不适用	• 深入实地对电力线路廊道内树线矛盾问题进行调研
• 邀请树木产权所有者参加树线矛盾工作协商座谈会议，商讨补偿事宜	• 畅通投诉、举报、信访渠道	• 公布树木采伐许可证 • 公布砍伐树木赔偿协议	• 发布树线矛盾宣传插画	• 发布树线矛盾新闻报道 • 发布树线矛盾宣传片	• 召开树线矛盾工作商讨座谈会议
• 邀请周边居民参与树线矛盾危害宣传活动，正确认识树木与输电线路安全距离	• 畅通投诉、举报、信访渠道	• 发布树线矛盾危害宣传文稿	• 发布树木与电力线路安全距离宣传插画	• 发布树线矛盾宣传片	• 不适用

防止外力破坏

随着城市化进程的加快，施工建设等作业过失破坏电力设施现象频发，人为故意破坏电力设施行为也时有发生，电力设施保护需要多方参与共同努力。因此，加强供电企业与利益相关方的沟通，增强防止外力破坏的透明度，对加强电力设施保护、保障供用电安全具有重要意义。

对谁透明？

防止外力破坏的透明对象

透明对象	关注动机	信息诉求	获信能力
公安部门	职责驱动	• 获取破坏电力设施的违章、违法行为肇事单位或个人信息及证据材料 • 获取电力要害部位和盗窃破坏电力设施易发、高发区域信息	★★★★★
其他政府部门	职责驱动	• 收取电力设施用地、电力线路走廊、电缆通道等电力设施布局相关信息 • 获取电力设施保护工作的方法、存在的问题和遇到的困难等信息	★★★★★
施工单位	利益驱动	• 获取电力设施用地、电力线路走廊、电缆通道等电力设施相关信息 • 获取破坏电力设施的违章、违法行为信息及相关法律法规	★★★★★
个人	利益驱动	• 了解破坏电力设施的违章、违法行为信息及相关法律法规 • 获取电力设施保护宣传信息	★★★
媒体	利益驱动 价值驱动	• 获取电力设施保护宣传信息	★★★★

透明什么？

防止外力破坏的透明内容

透明维度	具体内容
信息透明	• 电力设施用地、电力线路走廊、电缆通道等电力设施布局相关信息 • 电力要害部位和盗窃破坏电力设施易发、高发区域信息 • 电力设施保护宣传信息 ……
制度透明	• 《中华人民共和国安全生产法》《中华人民共和国电力法》《电力设施保护条例》《电力设施保护条例实施细则》等国家政策法规 • 各地市电力设施保护条例、电力设施保护实施办法、电力设施建设与保护制度等政策法规 • 各供电企业电力设施保护工作管理办法、电力设施保护技术防范工作规范等制度文件 ……
流程透明	• 电力设施保护管理流程 • 电力设施保护监督检查流程 ……
运营透明	• 召开利益相关方座谈会，商讨电力设施保护、防外力破坏相关工作 • 电力设施保护及相关政策法规等宣传 ……

怎么透明?

防止外力破坏的透明策略

透明对象	关系策略			信息披露策略
	强关系策略	弱关系策略	泛关系策略	信息披露策略
公安部门	• 促进公安部门联合执法,严厉打击盗窃、蓄意破坏电力设施行为	• 及时报送发现的外力破坏电力设施安全隐患和外力破坏易发、高发区域信息 • 提交破坏电力设施违章、违法事件的肇事单位或个人相关材料	• 不适用	• 报送发现的外力破坏安全隐患和外力破坏电力设施易发、高发区域等信息 • 提交破坏电力设施违章、违法事件的肇事单位或个人相关材料
其他政府部门	• 促进政府部门出台保护电力设施相关政策 • 召开座谈会商议电力设施保护相关工作及活动	• 积极配合,及时沟通汇报电力设施布局信息 • 及时报送发现的外力破坏电力设施安全隐患和外力破坏易发、高发区域信息	• 不适用	• 汇报电力设施布局信息 • 披露及汇报发现的外力破坏电力设施安全隐患和外力破坏易发、高发区域等信息
施工单位	• 积极沟通并指导施工单位制定《电力设施防护方案》 • 组织排查施工单位现场及周边的电力设施安全隐患 • 与施工单位共同开展电力设施保护宣传	• 公布维护电力设施安全知识 • 公布相关政策法规	• 不适用	• 发布电力设施保护宣传信息 • 公布相关政策法规
个人	• 邀请村民代表参与电力设施保护座谈会 • 开展电力设施保护知识、相关政策法规宣传	• 发布电力设施保护安全知识 • 公布相关政策法规	• 不适用	• 发布电力设施保护宣传信息 • 公布相关政策法规
媒体	• 不适用	• 不适用	• 及时传递电力设施保护工作信息	• 发布电力设施保护宣传信息

渠道策略		表达策略			
互动参与策略	社会监督策略	文字表达	图像表达	视频表达	实景表达
• 与公安部门联合巡查电力设施 • 商请公安部门开展区域性电力设施盗窃、破坏等违法行为打击整治活动	• 联合执法监控负面舆论信息	• 上报电力要害部位和盗窃破坏电力设施易发、高发区域备案文件	• 上报盗窃破坏电力设施易发、高发区域示意图	• 发布电力设施保护宣传片 • 发布打击盗窃破坏电力设施行为宣传片	• 考察电力要害部位和盗窃破坏电力设施易发、高发区域 • 联合巡查电力设施
• 召开电力设施保护联席会议，商讨电力设施保护工作安排	• 开设政务监督热线 • 联合执法监控负面舆论信息	• 上报电力设施用地、电力线路走廊、电缆通道等电力设施布局相关信息文件 • 上报电力要害部位和盗窃破坏电力设施易发、高发区域汇报文件	• 上报电力设施布局示意图 • 上报盗窃破坏电力设施易发、高发区域示意图	• 不适用	• 深入受到外力破坏的电力设施区域进行调研 • 考察电力要害部位和盗窃破坏电力设施易发、高发区域
• 召开沟通会指导施工单位制定《电力设施防护方案》 • 组织排查施工单位现场及周边电力设施安全隐患	• 畅通投诉、举报、信访渠道	• 公布《电力设施防护方案》 • 发布电力设施保护文字报道	• 发布电力设施布局示意图 • 发布电力设施保护宣传漫画 • 发布电力设施保护宣传单	• 发布电力设施保护宣传片	• 排查施工现场及周边的电力设施安全隐患
• 邀请村民代表参加电力设施保护座谈会，联合开展电力设施保护宣传	• 畅通投诉、举报、信访渠道	• 发布电力设施保护相关文字报道	• 发布电力设施保护宣传漫画 • 发布电力设施保护宣传单	• 发布电力设施保护宣传片	• 不适用
• 邀请媒体参加电力设施保护座谈会，并进行全程报道 • 联合开展电力设施保护宣传活动	• 联合搭建监督渠道	• 发布电力设施保护宣传文稿	• 发布电力设施保护宣传漫画 • 发布电力设施保护宣传单	• 发布电力设施保护宣传片 • 进行同步新闻视频报道	• 不适用

业扩报装

随着地区经济的发展和重大项目的落地，客户业扩报装需求也日益迫切，为使业扩报装工作效率和服务质量满足客户的用电需求，一方面需要客户全方位了解业扩报装流程，另一方面需要与办电过程中涉及的第三方供应商保持良好沟通，及时解决问题。因此，加强供电企业与利益相关方的沟通，增强业扩报装的透明度，对提升业扩报装服务效率、增供扩销、赢得客户理解和认可具有积极作用。

对谁透明？

业扩报装的透明对象

透明对象	关注动机	信息诉求	获信能力
客户	利益驱动	• 获取业扩报装服务项目、收费标准等信息 • 获取业扩报装流程信息 • 获取业扩报装业务办理所需材料信息	★★★★
第三方 供应商	利益驱动	• 获取供电企业项目设计、设施等验收标准 • 获取供电企业业扩报装相关政策信息	★★★★

透明什么？

业扩报装的透明内容

透明维度	具体内容
信息透明	• 业扩报装服务项目、收费标准等信息 • 业扩报装业务办理相关材料 • 业扩项目验收标准 ……
制度透明	• 《供电营业规则》《供电监管办法》《电力供应与使用条例》等国家政策法规 • 各供电企业业扩报装管理规定、电气化铁路业扩报装工作管理规范、业扩报装工作规范等制度文件 ……
流程透明	• 业扩报装业务办理流程 • 业扩报装流程与服务要求制定流程 • 220kV 及以上业扩报装管理流程 • 110kV 及以上业扩报装管理流程 • 35kV 业扩报装管理流程 • 10kV 业扩报装管理流程 • 低压业扩报装管理流程 • 国家重点工程业扩报装协调管理流程 ……
运营透明	• 召开利益相关方座谈会，商讨业扩报装服务事宜 • 业扩报装服务、相关政策法规等宣传 ……

怎么透明?

业扩报装的透明策略

透明对象	关系策略			信息披露策略
	强关系策略	弱关系策略	泛关系策略	
客户	• 通过营业厅服务、上门服务等形式让客户了解业扩报装的流程、政策信息 • 以客户经理制等服务模式一对一地帮助客户推进业扩报装项目	• 公布业扩报装服务项目、收费标准、业务办理所需资料等信息	• 不适用	• 向客户披露业扩报装服务项目、收费标准、业务办理所需资料等信息
第三方供应商	• 组织召开第三方供应商座谈会,明确各供应商任务及时间节点,推进业扩报装项目顺利进行	• 公布业扩报装项目设计、施工资质、电力设施验收等标准	• 不适用	• 披露业扩报装项目设计、施工资质、电力设施验收等标准

渠道策略		表达策略			
互动参与策略	社会监督策略	文字表达	图像表达	视频表达	实景表达
• 征求客户期望及诉求，通过编制业扩报装全流程跟踪时间表、第三方供应商信息表等解决客户业务办理过程中的难点 • 邀请客户反馈服务意见建议	• 畅通投诉、举报、信访渠道	• 公布业扩报装服务项目、收费标准、业务办理所需资料等文件 • 公布业扩报装相关流程文字表述	• 公布业扩报装相关流程示意图 • 发布业扩报装服务宣传插画	• 发布业扩报装宣传片	• 开展业扩报装服务过程体验活动
• 合作搭建沟通平台，为各方创造对话交流机会 • 召开第三方供应商座谈会，明确各阶段问题解决主体，提高工程效率	• 畅通投诉、举报、信访渠道	• 公布业扩报装项目设计、施工资质、电力设施验收等标准文件	• 公布业扩报装相关流程示意图 • 发布业扩报装服务宣传插画 • 公布任务时间、里程碑计划	• 发布业扩报装宣传片	• 开展业扩报装服务过程体验活动

计量管理

电力客户对智能电能表的接受度和认可度关系着能否顺利推动智能计量促进智慧城市建设。因此，加强供电企业与利益相关方的沟通，提升计量管理的透明度，对提升企业服务水平、拓展智能计量服务业务、提高客户服务满意度具有积极作用。

对谁透明?

计量管理的透明对象

透明对象	关注动机	信息诉求	获信能力
政府部门	职责驱动	• 收取电能计量装置规格等信息 • 收取电能表全寿命质量监督体系或工作机制	★★★★★
电力客户	利益驱动	• 获取电能计量装置更换相关信息，如换表时间、原因、精准度申校等	★★★★
计量设备供应商	利益驱动	• 获取电能计量装置采购信息，如规格、数量、供应商资质条件等	★★★★
媒体	利益驱动 价值驱动	• 获取电能计量科普知识信息	★★★★

透明什么?

计量管理的透明内容

透明维度	具体内容
信息透明	• 国家、行业电能表相关标准信息 • 电能计量装置采购信息 • 电能计量装置更换相关信息 • 电能计量科普知识信息 ······
制度透明	• 《中华人民共和国计量法》《中华人民共和国节约能源法》《用能单位能源计量器具配备和管理通则》等国家政策、法规、标准 • 各地市计量管理监督条例等政策法规 • 各供电企业电力安全工作规程、电能计量管理规定等制度文件 ······
流程透明	• 电能计量器具采集终端资产需求审核管理流程 • 计量标准需求审核管理流程 • 计量标准更换管理流程 • 计量标准运维维护管理流程 • 用电信息采集系统建设管理流程 ······
运营透明	• 召开利益相关方座谈会，商讨电能计量装置更换工作等 • 电能计量科普知识、计量相关政策法规等宣传 ······

怎么透明？

计量管理的透明策略

透明对象	关系策略			信息披露策略
	强关系策略	弱关系策略	泛关系策略	
政府部门	• 促进政府部门联合检定计量装置	• 提交电能计量装置规格等信息	• 不适用	• 提交电能计量装置规格等信息
电力客户	• 邀请客户代表参与计量装置更换座谈会 • 促请客户代表引导客户更换智能计量装置 • 与客户共同引导负面舆论，减少信访	• 公开电能计量装置更换相关信息	• 不适用	• 公布电能计量装置更换公告
计量设备供应商	• 积极沟通供应商协调交货数量、时间等 • 进行供应商资质审核、供应商评价等，加强供应商关系管理	• 公布电能计量装置采购招标信息	• 不适用	• 公布电能计量装置采购招标文件
媒体	• 不适用	• 不适用	• 进行电能计量科普知识宣传	• 借助媒体平台开展电能计量科普宣传

渠道策略		表达策略			
互动参与策略	社会监督策略	文字表达	图像表达	视频表达	实景表达
• 组织召开座谈会，商讨计量装置检定等工作	• 开设政务监督热线	• 上报电能计量装置规格等采购文件	• 上报计量管理相关流程示意图	• 不适用	• 参观电能计量装置检定过程
• 邀请客户参与计量装置更换座谈会，商讨电能计量装置更换工作	• 畅通投诉、举报、信访渠道	• 公布电能计量装置更换公告	• 公布计量管理相关流程示意图	• 发布智能电表推广宣传片	• 参观电能计量装置更换现场
• 签订合作协议 • 建立沟通机制协商交货数量、时间等 • 通过供应商评价等加强关系管理	• 畅通投诉、举报、信访渠道	• 公布电能计量装置采购招标公告	• 公布计量管理相关流程示意图	• 不适用	• 参与电能计量装置采购招标
• 邀请媒体参加计量管理相关座谈会，并进行全程报道	• 联合搭建监督渠道	• 发布电能计量科普宣传文稿	• 发布计量管理相关流程示意图	• 发布电能计量科普宣传片	• 参观电能计量装置改造现场

安全用电教育

供电企业开展安全用电教育是为了在客户间形成安全用电的常识和习惯，尽可能避免因用电操作不当引发的触电伤亡、火灾、爆炸等事故，保护客户的人身安全和生产安全，也可有效维护电网系统的稳定运行。安全用电教育不仅是供电企业的一项内部工作，而且是与社会公众有紧密联系的社会问题。因此，加强供电企业与利益相关方的沟通，提升安全用电教育的透明度，对安全用电教育的顺利推进、提升客户安全用电知识和技能具有积极作用。

对谁透明?

安全用电教育的透明对象

透明对象	关注动机	信息诉求	获信能力
政府部门	职责驱动	• 收取安全用电教育活动安排具体信息,如活动开展意义、形式、地点、参与人群、安保措施等	★★★★★
受教育人员	利益驱动	• 有针对性且适用的安全用电教育知识 • 获取安全用电教育活动安排相关信息	★★★★
活动开展场所负责人	利益驱动	• 获取安全用电教育活动安排具体信息,如参与人数、活动形式、安保措施等	★★★★★
媒体	利益驱动 价值驱动	• 获取安全用电教育活动开展现场真实情况 • 安全教育活动参与人员感受	★★★★

透明什么?

安全用电教育的透明内容

透明维度	具体内容
信息透明	• 安全用电教育活动策划方案 • 安全用电教育活动开展公告 • 安全用电教育活动新闻报道 • 安全用电教育教材、宣传册等 ……
制度透明	• 《中华人民共和国安全生产法》《中华人民共和国电力法》等国家政策法规 • 各地市安全生产管理制度、安全生产条例等地方政策法规 • 各供电企业安全工作规定、客户安全用电服务规定等制度文件 ……
流程透明	• 安全用电教育活动安排流程 • 用电安全应急处理流程 ……
运营透明	• 开展利益相关方座谈会,商讨安全用电教育学习形式、内容等 • 开展受教育人员意见征询会,了解反馈参与人员感受 • 安全用电常识、政策法规等宣传 ……

怎么透明？

安全用电教育的透明策略

透明对象	关系策略			信息披露策略
	强关系策略	弱关系策略	泛关系策略	
政府部门	• 促使政府部门组织参与安全用电教育活动 • 将安全用电教育纳入地方综合素质教育计划之中	• 积极配合，及时沟通汇报 • 提交安全用电教育活动相关材料	• 不适用	• 提交安全用电教育活动相关材料
受教育人员	• 开展安全用电教育培训活动，鼓励现场问答 • 上门服务大客户，面对面讲解安全用电注意事项	• 披露安全用电相关制度条例 • 披露安全用电常识	• 不适用	• 公布安全用电相关制度条例 • 公布安全用电知识、安全用电培训活动信息等
活动开展场所负责人	• 组织座谈会商讨安全用电教育活动具体安排	• 披露安全用电教育活动组织信息	• 不适用	• 提供安全用电教育活动组织信息
媒体	• 联合媒体共同开展安全用电宣传活动	• 不适用	• 进行安全用电制度、常识宣传	• 提供安全用电常识、安全用电教育活动信息

渠道策略		表达策略			
互动参与策略	社会监督策略	文字表达	图像表达	视频表达	实景表达
• 召开座谈会商讨组织安全用电教育活动计划安排	• 开设政务监督热线 • 联合执法监控负面舆论信息	• 上报安全用电教育活动计划文件 • 上报安全用电教育活动方案	• 上报安全用电教育活动场地安排示意图 • 上报安全用电宣传插画	• 不适用	• 现场调研安全用电教育活动
• 邀请受教育人员参与现场问答等互动环节 • 邀请受教育人员对安全用电培训效果进行反馈	• 畅通投诉、举报、信访渠道	• 公布安全用电相关制度条例 • 发布安全用电常识文字报道 • 公布安全用电培训活动公告 • 公布安全用电培训教案	• 发布安全用电宣传插画 • 发布安全用电培训PPT等	• 发布安全用电宣传视频	• 现场参与安全用电教育活动
• 召开座谈会商讨安全用电教育活动具体安排	• 畅通投诉、举报、信访渠道	• 公布安全用电培训活动公告 • 公布安全用电教育活动方案	• 公布安全用电教育活动场地安排示意图 • 发布安全用电宣传插画	• 发布安全用电宣传视频	• 现场安排安全用电教育活动
• 邀请媒体参与安全用电教育培训，并进行全程报道	• 联合搭建监督渠道	• 发布安全用电常识文字报道 • 发布安全用电宣传文稿 • 公布安全用电培训活动公告	• 发布安全用电宣传插画	• 共享发布安全用电宣传视频 • 同步新闻视频，报道安全用电教育活动现况	• 邀请媒体参加安全用电教育活动

招投标管理

招投标管理是招标人对工程建设、货物买卖、劳务承担等交易业务，事先公布选择采购的条件和要求招引他人承接，由若干或众多投标人作出愿意参加业务承接竞争的意思表示，招标人按照规定的程序和办法择优选定中标人的活动。招投标管理过程需要招标人（供电企业）明确投标人资质和招标需求，招标公司以公开透明的方式发布招标公告、流程等，投标人按照招标需求递交投标文件、报价、参加开标谈判，畅通招标人、招标公司、投标人之间的沟通渠道，促进招标工作的公开、公正、公平，进而塑造责任供应链。

对谁透明?

招投标管理的透明对象

透明对象	关注动机	信息诉求	获信能力
招标人	职责驱动	• 获取物资或服务项目信息、招标需求等	★★★★★
招标公司	利益驱动	• 准确获知物资、服务项目信息、投标公司资质、项目服务时间、最高限价等招标需求	★★★★★
投标人	利益驱动	• 及时、准确获取物资或服务项目招标信息 • 明确了解招投标所需资料、流程、时间等	★★★★★

透明什么?

招投标管理的透明内容

透明维度	具体内容
信息透明	• 公开我方招标平台 • 物资、服务项目招标采购需求 ……
制度透明	• 《中华人民共和国招标投标法》《电子招标投标办法》《招标采购代理规范》《电力工程施工招标投标管理规定》等国家政策法规 • 各地市招标投标条例等政策法规 • 供电企业招标活动管理办法等制度文件 ……
流程透明	• 输变电工程设计、工程施工、监理招标管理流程 • 物资招标采购管理流程、服务招标管理流程、竞争性谈判采购管理流程、询价采购管理流程、网上竞价管理流程等 ……
运营透明	• 开展项目招投标开标会议或竞争性谈判 • 签订项目合同 ……

怎么透明?

招投标管理的透明策略

透明对象	关系策略			信息披露策略
	强关系策略	弱关系策略	泛关系策略	
招标人	• 内部构建招投标管理机制，准确对接内部招投标需求	• 内部之间畅通沟通流程，积极配合，及时沟通招投标需求和项目信息	• 不适用	• 按照规章制度填写工程建设、物资采购及服务项目招投标需求资料
招标公司	• 签订招投标委托合同 • 搭建统一招投标合作平台 • 共享工程建设、物资采购及服务项目招投标信息	• 一般情况下公布工程建设、物资采购及服务项目招投标信息及需求	• 不适用	• 提出工程建设、物资采购及服务项目招投标信息及需求
投标人	• 建立供电企业供应商库 • 加强供应商资质审查和社会责任培训	• 发布招投标公告 • 公布招投标流程	• 不适用	• 公布工程建设、物资采购及服务项目招投标信息及需求 • 公布招投标网站

渠道策略		表达策略			
互动参与策略	社会监督策略	文字表达	图像表达	视频表达	实景表达
• 开展内部部门专项会议，讨论招投标必要性、形式、需求及流程	• 不适用	• 公布工程建设、物资采购、服务项目等招投标需求文件	• 不适用	• 不适用	• 不适用
• 邀请被委托招投标公司召开座谈会，讨论招投标项目信息、最高限价、招投标形式及流程	• 畅通投诉、监督渠道 • 公布监督网站和电话	• 公布工程建设、物资采购、服务项目等招投标需求文件 • 公布招投标委托代理合同	• 公布招投标流程示意图	• 不适用	• 不适用
• 不适用	• 畅通投诉、监督渠道 • 公布监督网站和电话	• 公布工程建设、物资采购、服务项目招投标公告及流程	• 公布招投标流程示意图	• 不适用	• 邀请投标人参加供应商社会责任培训

廉洁教育

廉洁教育是反腐倡廉实践的要求，也是牢筑供电企业全体员工思想防线的基础。在党中央高度重视党风廉政建设和反腐败斗争的情况下，如何提升供电企业廉洁教育的实质性和有效性值得深度思考。在透明度管理框架下，廉洁教育需要转变以往"填鸭式"教育方式，透明廉洁教育的决策、活动及方式，促进与全体员工的沟通交流，真正打造"不敢腐、不想腐、不能腐"的政治生态。

对谁透明?

廉洁教育的透明对象

透明对象	关注动机	信息诉求	获信能力
员工	利益驱动	• 了解最新廉洁教育政策要求 • 了解贴近实际的腐败案例 • 了解工作中需要注意的廉洁风险	★★★★★
员工亲属	价值驱动	• 了解亲属工作中的廉洁风险 • 了解最新廉洁教育政策要求	★★★★
媒体	价值驱动	• 了解供电企业廉洁教育信息	★★★★

透明什么?

廉洁教育的透明内容

透明维度	具体内容
信息透明	• 廉洁教育政策要求 • 相关腐败案例 • 廉洁风险点 ……
制度透明	• 《中华人民共和国宪法》《中国共产党章程》《中华人民共和国电力法》等国家政策法规 • 各地市问责条例等政策法规 • 供电企业员工思想动态管理办法、领导人员教育培训管理办法等制度文件 ……
流程透明	• 党风廉政建设责任制考核流程 • 反腐倡廉宣传教育管理流程 • 给予党纪、政纪处分管理流程 • 纪检监察案件检查管理流程 ……
运营透明	• 党风廉政建设考核过程及结果 • 反腐倡廉宣传教育过程及成效 • 党纪、政纪处分过程及结果 ……

怎么透明？

廉洁教育的透明策略

透明对象	关系策略			信息披露策略
	强关系策略	弱关系策略	泛关系策略	
员工	• 与员工代表共同探讨廉洁教育方式及内容	• 开展反腐倡廉宣传警示教育 • 发放反腐倡廉宣传手册	• 不适用	• 下发廉洁教育宣传手册、活动通知、处分结果等
员工亲属	• 邀请员工亲属参观反腐倡廉警示教育展厅 • 与员工亲属形成廉洁教育联动机制，共同监督员工行为	• 推送廉洁教育最新政策要求 • 发放反腐倡廉宣传手册	• 不适用	• 推送廉洁教育最新政策文件、活动信息、处分结果等
媒体	• 与媒体建立联动工作机制，实现信息实时互动	• 不适用	• 推送廉洁教育活动信息	• 推送廉洁教育活动信息

渠道策略		表达策略			
互动参与策略	社会监督策略	文字表达	图像表达	视频表达	实景表达
• 征集员工诉求，联动探讨廉洁教育方式、内容	• 开设员工举报、申诉通道	• 公布反腐倡廉最新政策要求 • 公布最新腐败案例 • 公布廉洁风险点 • 公布廉洁活动方案	• 发布反腐倡廉漫画	• 发布反腐倡廉微电影 • 发布警示教育视频	• 邀请员工参观廉洁警示教育厅
• 邀请共同开展反腐倡廉警示教育互动，形成联动监督机制	• 开设监督、举报通道	• 公布反腐倡廉最新政策要求 • 公布最新腐败案例 • 公布廉洁风险点	• 发布反腐倡廉漫画	• 发布反腐倡廉微电影 • 发布警示教育视频	• 邀请员工亲属参观廉洁警示教育厅
• 邀请媒体参加反腐倡廉警示教育活动，并进行直播报道	• 畅通媒体监督渠道	• 发布廉洁活动信息	• 发布反腐倡廉漫画	• 发布反腐倡廉微电影 • 发布警示教育视频	• 邀请媒体参观廉洁警示教育厅

社会公益

当前供电企业开展社会公益受到自身资源、能力及体制方面的限制，需要社会力量的广泛参与，统筹协调内外部资源，促进社会公益项目的长效发展。在此过程中，需要透明项目开展过程中的资源、资金及成效等，提高各利益相关方之间的信任程度，形成长效社会公益合作机制。

对谁透明?

社会公益的透明对象

透明对象	关注动机	信息诉求	获信能力
公益组织	职责驱动 价值驱动	• 获取资金、人员支持等信息 • 获取社会公益项目对象、效果等信息	★ ★ ★ ★ ★
企业伙伴	利益驱动 价值驱动	• 获取资金、人员支持等信息 • 获取社会公益项目对象、效果等信息 • 获取合作公益组织及项目实施计划等信息	★ ★ ★ ★ ★
志愿者	价值驱动	• 获取捐赠渠道及信息 • 获取志愿服务方式与渠道	★ ★ ★ ★ ★
媒体	价值驱动	• 获取社会公益项目计划、实施、成效等信息	★ ★ ★ ★

透明什么?

社会公益的透明内容

透明维度	具体内容
信息透明	• 社会公益项目整体方案 • 社会公益项目资金、人员等需求 • 按期公示相关进度 ……
制度透明	• 《中华人民共和国公益事业捐赠法》《中华人民共和国慈善法》等国家政策法规 • 各地市慈善事业管理条例、基金会管理条例等政策法规 • 供电企业公益管理办法、对外捐赠管理办法等制度文件 ……
流程透明	• 公益管理流程及公益项目实施流程等 • 对外捐赠管理流程等 ……
运营透明	• 开展公益项目座谈会 • 邀请社会公众参与公益现场活动 ……

怎么透明?

社会公益的透明策略

透明对象	关系策略			信息披露策略
	强关系策略	**弱关系策略**	**泛关系策略**	
公益组织	• 通过公益组织了解公益需求,探索合作模式,如购买公益服务等 • 共同制定公益活动方案	• 提供公益项目需求信息 • 提供公益项目资金、人员投入信息	• 不适用	• 发布公益项目招投标信息
企业伙伴	• 与伙伴企业建立联盟,明确各自的职责,争取人力、物力、财力支持 • 联合宣传,提供双方企业形象	• 提供公益项目需求信息及合作意向 • 提供公益项目资金、人员投入信息	• 不适用	• 发布社会公益项目合作需求 • 提供资金、人员投入信息
志愿者	• 与社会公益组织及政府组成联合工作组,共同招募外部志愿者 • 发动企业内部志愿服务组织及党员服务队,纳入志愿者队伍	• 发布社会公益项目信息及志愿者招募信息	• 不适用	• 公布社会公益项目信息及志愿者招募信息
媒体	• 推动与媒体机构成立合作平台,实时进行信息递送,保证信息量和正确性 • 帮助寻找新闻点,进行良性合作	• 提供社会公益项目实施信息及志愿者招募信息	• 不适用	• 发布社会公益项目信息及新闻报道

渠道策略		表达策略			
互动参与策略	社会监督策略	文字表达	图像表达	视频表达	实景表达
• 联合策划社会公益项目实施方案 • 招募内部志愿者参与公益项目实施	• 畅通投诉、举报渠道	• 公布公益项目招投标信息、合作需求	• 发布公益宣传画 • 公布项目实施过程图像记录	• 公布社会公益全过程视频记录	• 策划现场公益活动
• 确定职责明确的联合公益工作小组，定期开展沟通协商 • 共同根据现实情况计划并调整项目方案	• 明确定向联系人	• 公布公益项目资金、人员需求 • 公布公益项目初步策划方案	• 发布公益宣传画 • 公布项目实施过程图像记录	• 公布社会公益全过程视频记录	• 邀请企业伙伴参加公益活动
• 充分了解志愿者时间、能力情况，共同研讨制定合理志愿服务内容、方式等	• 畅通信访、反馈渠道	• 公布志愿者招募公告 • 公布志愿者管理办法及工作内容	• 发布公益宣传画 • 公布项目实施过程图像记录 • 公布志愿者服务照片	• 公布社会公益全过程视频记录 • 发布志愿者服务专项视频	• 邀请志愿者参加公益活动
• 推动与媒体机构成立合作平台，实时进行信息递送，保证信息量和正确性	• 畅通媒体监督渠道	• 发布公益项目文字报道 • 公布志愿者招募文字需求	• 发布公益宣传画 • 公布项目实施过程图像记录	• 公布社会公益全过程视频记录	• 邀请媒体参加公益活动，并进行跟踪报道

公共危机处理

公共危机管理是指以政府为核心的公共组织在现代风险、危机意识及危机管理理念的指导下，依法制定公共危机管理法规和应急方案，与社会其他组织和公众协调互动充分合作，对可能发生的公共危机事件实施有效预测、预警、预报、监控和防范，并通过整合社会资源对已经发生的公共危机事件进行应急处置，化解危机和进行危机善后或经济社会运行与秩序重建工作的全过程。公共危机处理过程中需要与政府、电力客户、重要场所保持高度信息透明，整合各方优势资源管理公共危机，并进行经济社会运行与秩序重建。

对谁透明?

公共危机处理的透明对象

透明对象	关注动机	信息诉求	获信能力
各级政府	职责驱动	• 掌握供电企业公共危机处理资源 • 了解危机涉及场所保供电方案及进度信息 • 了解电力客户电力供应方案信息	★★★★★
电力客户	价值驱动	• 了解公共危机期间电费标准、服务流程、停电计划、供电保障等信息	★★★★★
危机涉及场所	职责驱动 价值驱动	• 了解危机涉及场所保供电信息	★★★★★
内部员工	职责驱动 利益驱动	• 了解危机涉及场所保供电工作方案 • 了解电力客户公共危机期间供电服务方案	★★★★★
媒体	价值驱动	• 了解公共危机处理的举措信息	★★★★

透明什么?

公共危机处理的透明内容

透明维度	具体内容
信息透明	• 社会责任沟通活动流程 • 公共危机期间涉及场所的保供电方案及电力客户安全用电、电费标准、服务流程、停电计划、供电保障等信息 ……
制度透明	• 《中华人民共和国宪法》《中华人民共和国突发事件应对法》等政策法规 • 各地市公共危机管理条例等政策法规 • 供电企业政治供电常态化管理办法、重大活动保电管理办法、电力设施保护工作管理办法等制度文件 ……
流程透明	• 政治活动保供电流程 • 应急处置流程 ……
运营透明	• 公共危机处理期间的保供电活动 ……

怎么透明?

公共危机处理的透明策略

透明对象	关系策略			信息披露策略
	强关系策略	弱关系策略	泛关系策略	
各级政府	• 形成联动工作机制，共同研究危机涉及场所保供电方案	• 危机期间及时、定期汇报保供电工作 • 通过官方网站、微博、微信传播保供电进程和举措	• 不适用	• 汇报危机期间保供电工作
电力客户	• 与危机涉及重要客户形成联动工作机制，保障场所用电 • 与一般客户代表召开危机供电座谈会，及时沟通供电服务举措等	• 通过新闻发布会及官方媒体，公开危机期间电费标准、服务流程、供电服务等信息	• 不适用	• 公开危机期间电费标准、服务流程、供电服务等信息
危机涉及场所	• 共同研讨保供电方案及重要场所	• 公布危机涉及场所保供电方案和服务信息	• 不适用	• 公开危机涉及场所保供电方案和应急处置方案
内部员工	• 与有经验员工共同研讨危机涉及场所保供电工作方案和供电服务方案，并布置工作任务	• 发布危机涉及场所保供电工作方案和工作任务 • 发布电力客户公共危机期间供电服务方案和工作任务	• 不适用	• 公开保供电服务方案和供电服务方案
媒体	• 建立危机期间联动工作机制，实现信息实时互动	• 不适用	• 新闻发布 • 信息递送	• 发布危机处理期间保供电信息、员工优秀事迹等

渠道策略		表达策略			
互动参与策略	社会监督策略	文字表达	图像表达	视频表达	实景表达
• 建立定期沟通机制，共同商定危机涉及场所保供电方案，整合优势资源	• 开设政务监督热线 • 联合执法监控负面舆论信息 • 接受相关政府部门监督、检查	• 上报危机涉及场所保供电方案 • 上报电力客户供电服务方案	• 上报保供电进度记录图片	• 上报保供电进度记录视频	• 邀请各级政府到保供电现场调研、检查
• 邀请危机涉及重要场所客户及一般客户代表共同商讨保供电方案及供电服务方案	• 畅通95598等电话投诉渠道 • 公布客户经理联系方式 • 畅通其他信访、投诉及监督渠道	• 公布电力客户供电服务方案	• 公布保供电进度记录图片 • 发布危机期间供电服务宣传海报、插画	• 公布保供电进度记录视频	• 邀请电力客户现场感受保供电工作
• 邀请危机涉及场所代表共同研讨保供电方案，制订停送电计划	• 畅通95598等电话投诉渠道 • 畅通其他信访、投诉及监督渠道	• 公布危机涉及场所保供电方案	• 公布保供电记录图片	• 公布保供电进度记录视频	• 邀请危机涉及场所代表现场监督、感受保供电工作
• 共同研讨保供电服务方案及供电服务方案	• 畅通内部投诉渠道	• 公布危机涉及场所保供电方案和工作安排 • 公布电力客户公共危机期间供电服务方案和工作任务	• 公布保供电记录图片 • 公布员工现场工作感人图片	• 公布保供电进度记录视频 • 公布员工现场工作感人视频	• 不适用
• 推动与媒体机构成立合作平台，实时进行信息递送，保证信息量和正确性	• 畅通媒体监督渠道	• 发布危机处理期间保供电信息、员工优秀事迹等	• 公布保供电记录图片 • 公布员工现场工作感人图片	• 公布保供电进度记录视频 • 公布员工现场工作感人视频	• 邀请媒体走进保供电现场进行直播报道

TOOLS

工具篇

工具 1

供电企业透明度管理的对象清单

业务	对象				
	服务方	合作方	监管方	受影响方	监督方
电网规划	电力客户、地方政府	城市规划部门、市政部门、环境评价机构	能源局、林业局、环保局、水土保持部门	规划沿线居民、工厂、公园或商业机构	媒体、环保组织、社会公众
电网建设	电力客户、地方政府	承包商、建设工人、电力设备供应商	建设部门、安监部门、工程监理	建设场地周边居民、农田户主、大型设备运输沿线设施所有人	媒体、社会公众
电网运行	用电客户	发电企业、其他省市供电企业、电力交易机构	能源局	受计划停电影响的电力客户、受计划调度影响的发电企业	媒体、社会公众、环保组织
电网检修	停电客户	停电小区物业、群众巡线员、电力设施保护民警	能源局、市政部门	受检修停电影响的客户、受抢修过程影响的其他公共设施部门	媒体、社会公众
电力营销	用电客户、办电客户	业扩办电设备商和施工方、金融机构	—	—	—
……	……	……	……	……	……

工具 2

利益相关方调查表

1. 您属于以下哪个类型的利益相关方

☐ 电力客户   ☐ 合作伙伴   ☐ 政府监管机构   ☐ 周边居民   ☐ 媒体   ☐ 公众   ☐ 社会组织

2. 以下哪些是您关心的议题

☐ 变电站规划选址	☐ 电网线路规划	☐ 电网规划环境影响评估
☐ 农网改造电杆落地	☐ 项目可行性研究	☐ 电网建设施工受阻
☐ 电网建设中的环境保护	☐ 工程分包商管理	☐ 工程项目资金管理
☐ 施工安全管理	☐ 停电信息告知	☐ 重要活动保电
☐ "三公"调度	☐ 新能源伤亡运行	☐ 继电保护
☐ 应急抢修	☐ 树线矛盾处理	☐ 防止外力破坏
☐ 电力设施保护	☐ 防止窃电	☐ 业扩报装
☐ 计量管理	☐ 客户投诉管理	☐ 安全用电教育
☐ 招投标管	☐ 廉洁教育	☐ "三供一业"供电分离移交
☐ 社会公益	☐ 社会责任沟通	☐ 公共危机处理

3. 您通常从哪些渠道获取供电企业相关信息

☐ 对口联络人	☐ 例会或座谈会	☐ 工作简报文件
☐ 公司网站	☐ 微博	☐ 公众号
☐ 电视	☐ 广播	☐ 报纸
☐ 杂志	☐ 网站	☐ 短信微信

4. 您对供电企业透明度管理如何评价?

与我有关的信息都能及时被告知	☐ 1	☐ 2	☐ 3	☐ 4	☐ 5
我感兴趣的信息能够有渠道获取	☐ 1	☐ 2	☐ 3	☐ 4	☐ 5
我相信所得信息的真实性、完整性	☐ 1	☐ 2	☐ 3	☐ 4	☐ 5
与我有关的事项,公司与我有充分的沟通	☐ 1	☐ 2	☐ 3	☐ 4	☐ 5
我有渠道向公司进行反映我的诉求和意见	☐ 1	☐ 2	☐ 3	☐ 4	☐ 5
我的意见能够被聆听、尊重和采纳	☐ 1	☐ 2	☐ 3	☐ 4	☐ 5

5. 您对供电企业透明度管理还有哪些意见和建议?

工具 3

供电企业透明度管理内容库

部门	信息透明	制度透明	流程透明	运营透明
办公室	• 突发重大事项的相关信息发布	• 党委会议事规则 • "三重一大"决策实施细则 • 信访稳定工作管理办法 • 信访稳定重大事项信息报送管理办法 • 矛盾纠纷排查调处工作管理办法	• 信息处理流程 • 保密要害部门部位确认流程 • 特大突发事件处置流程 • "三重一大"事项决策流程 • 信访风险排查流程	—
发展策划部	• 电网规划与专项规划报告 • 特高压等重要项目可行性研究报告 • 电动汽车充换电设施、分布式电源等专题报告 • 电网项目的环境影响报告、水土保持方案 • 售电量、线损率、省间交易电量、节能减排绩效 • 电网基建投资计划、项目后评价报告 • 电力生产、固定资产投资等统计数据	• 电缆通道规划建设管理办法（试行）	• 利益相关方参与电网规划编制或重要项目可行性研究过程 • 电源接入电网前期工作管理流程 • 分布式电源项目接入系统管理流程	—
建设部	• 电网建设项目属地协调所涉及的相关信息披露 • 项目部、施工企业和分包商专业人员资质及关键人员履职情况报告 • 电网项目建设环保措施及验收报告 • 工程建设进度进化的上报下达 • 设计承包商负面清单	• 电网生产建设项目水土保持管理实施细则 • 电网建设项目竣工环境保护验收实施细则	• 输变电工程项目建设过程管理流程 • 建设施工过程外部环境协调管理流程 • 工程物资采购申请流程 • 输变电工程施工分包管理流程 • 电网项目安全风险管理流程 • 输变电工程施工招标管理流程	• 电网建设工地现场及安全环保设施
电力调度控制中心	• 供电质量和"两率"情况 • 输电企业公平开放电网的情况 • 电力需求预测建议 • 电网调度计划 • 水电及新能源调度管理信息	• 输变电设备检修停电计划管理规定 • 跨辖区一体化调度控制系统管理规定 • "三公"调度交易风险预警管理办法	• 电力市场成员注册及退出流程 • 跨区跨省交易组织流程 • 发电权交易组织流程 • 电网异常事故处理管理流程 • 新能源运行评估管理流程	• 电力调度控制中心
设备管理部	• 停电检修计划； • 电网和水电设备技改大修计划 • 电网设备状态检测、分析评价和故障诊断报告 • 线路通道防护管理措施 • 电力设施保护相关信息 • 电网设施运行期的环保措施 • 农网电压合格率	• 重大活动保电管理办法 • 架空输电线路通道管理办法 • 农网改造升级工程"十不准"管理规定 • 配电网检修停电管理办法（试行） • 客户配电设施故障抢修管理办法	• 电网运行风险预警管理流程 • 配电网抢修指挥管理流程 • 生产大修项目年度计划（调整）管理流程 • 生产技改施工过程外部环境协调管理流程 • 输电线路故障抢修管理流程	• 负责防汛、防灾减灾和新设备 • 需要依靠群众参与保护的电力设施

部门	信息透明	制度透明	流程透明	运营透明
营销部	• 供电服务承诺以及投诉电话 • 客户受电工程相关信息 • 电力市场分析与预测报告 • 有序用电管理方案 • 客户满意度评价结果 • 电费抄表、核算、收费明细 • 电费交费渠道	• 供电企业执行的电价和收费标准 • 窃电及违约用电举报奖励办法 • 电力客户征信工作管理办法 • 新建居民住宅小区供配电设施建设管理办法（试行） • 市级重点项目服务管理办法 • 电费回收工作管理办法（试行）	• 办理用电业务的程序及时限 • 供电服务突发事件应急响应流程 • 能效服务网络建设运行管理流程 • 电费欠费停电管理流程 • 电费回收风险控制管理流程 • 分布式电源并网服务管理流程	• 电能替代工程设施 • 计量装置与用电信息采集系统 • 供电营业厅 • 电动汽车智能充换电设施与服务网络
安全监察部	• 安全事故调查、分析与处理信息发布 • 安全生产隐患排查治理督查报告	• 电力设施保护工作管理办法（试行） • 应急管理制度、反恐怖防范制度 • 输电线路通道安全管理规定（试行）	• 生产事故事件调查管理流程 • 可靠性数据对外报送流程 • 突发事件信息报告流程	• 重大安全事故现场
物资部	• 招投标信息公告 • 供应商不良行为处理公示	• 招投标管理制度 • 供应商资质审核标准 • 供应商绩效评价标准	• 物资采购管理流程 • 废旧物资处置管理流程 • 全寿命周期供应商绩效评价信息收集与统计流程 • 总部供应商不良行为管理流程	• 废旧物资再利用示范基地
经济法律部	• 体制改革工作方案 • 体制改革相关重大问题的研究报告 • 增量配电业务放开改革试点政策合规性审查及评价报告 • 重大法律诉讼案件的处理信息公告	• 全面深化改革工作规则（试行）	• 招投标异议投诉处理流程 • 招标业务法律问题咨询流程 • 合同履行风险预警流程	\

工具 4
供电企业公众透明度评价指标

目标层	准则层	要素层	指标层 一级指标
信息需求 识别	信息披露目的性	信息披露目的性	发布信息披露报告
		信息披露渠道便利	组织专题利益相关方活动
			官网开设社会责任专栏
		信息披露回应有效	对于涉及企业的行业热点问题或外部质疑, 企业是否有公开回应
信息编码 有效	信息需求满足性	信息披露质量	社会责任报告质量
			社会责任报告形式
		企业行业地位影响	企业参加权威会议发言
			企业发起行业活动
信息披露 时效性	报告发布时效性	报告发布时间	报告发布及时性
	重大事件时效性	重大事件回应时间	重大事件回应时间差
传播对象 覆盖率	传播渠道公开性	信息传播公开渠道	企业网站渠道
			新媒体渠道
			视频渠道
	传播阅读数量性	信息传播阅读数量	新媒体渠道阅读量
信息传递 互动性	联系方式可获性	联系方式公开有效	官方联系方式
	信息回复主动性	公开渠道留言回复	新媒体回应数量
二次传播率	信息披露传播性	信息披露分渠道二次传播	网络渠道二次传播率
受众说服率	专项报告认可性	专项报告受到的正面评价	受到奖励或认可的正面评价
	客户认可性		社会调查

资料来源:《中国企业公众透明度报告 2019—2020》

工具 5
监管机构对供电企业透明度管理的政策参考

《供电企业信息公开实施办法》

《电力监管条例》

《电力安全事故应急处置和调查处理条例》

《电力供应与使用条例》

《电力设施保护条例》

《电网调度管理条例》

《关于推进电力交易机构独立规范运行的实施意见》

《光伏发电运营监管暂行办法》

《国家发展改革委办公厅关于优化电价政策发布机制的通知》

《中央企业商业秘密保护暂行规定》